東大→JAXA《ジャクサ》→人気数学塾
塾長が書いた数に強くなる本

永野裕之

PHP文庫

JN124063

○本表紙図柄＝ロゼッタ・ストーン(大英博物館蔵)
○本表紙デザイン＋紋章＝上田晃郷

「宇宙は数学という言語で書かれている」

——ガリレオ・ガリレイ

「ただ数字を見るのではなく、覆いの下をのぞいて、アイディアと人間の質を評価するのだ」

——スティーブ・ジョブズ

「数字で語れない者は去れ」

——孫正義

「会計の数字は飛行機の操縦席にある
メーターみたいなもの。
実態を表していなければ正しい方向に操縦はできない」
――稲盛和夫

「数字算出の確固たる見通しと、
裏づけのない事業は必ず失敗する」
――渋沢栄一

「数字なき物語も、物語なき数字も意味はない」

——御手洗《みたらい》冨士夫

「経営とは数字である。同じく仕事も数字である。
人が動く、そしてものが動くと、数字は必ず動く。
数字は結果であり、業績を表す」

——鈴木修

はじめに

本書は「数に強くなる」ための本です。 数字は、日常生活のあらゆる場面に顔を出します。ものの値段、時刻、体重、身長、レシピに記載されている具材の分量、仕事のノルマ、売上……身の回りの数字を挙げていくとそれこそ切りがありません。**数字に弱いということは、日に何度も目にするこれらの数字の意味がつかみきれないということです。**

もちろん、数字そのものが読めない、という方はいないでしょう。でも数字が読めることと、数字の意味（数字が表すなにがしかの概念）がわかることとはまったく別の話です。それは、「I love you.」を「アイ・ラブ・ユー」と読めるからと言って、「I love you.」が意味する本当のところがわかるとは限らないのと同じです。

誤解を恐れずに言えば、ビジネスパーソンであっても、職種によっては英語がわからなくても大丈夫かもしれません。でも、数字の意味するところがわからなくてもよいケースというのは、少なくともビジネスの上では皆無ではないでしょうか？

ビジネスである以上、そこには必ずお金が関係します。そもそも金銭の多寡《たか》は数字で表されるわけですから、仕事をしていく上で数字の意味するところがわからなくても大丈夫だということは考えられません。顧客データにも在庫管理表にも人事データにも数字は溢《あふ》れています。それなのに、数字が意味のない無機質な記号にしか見えないというのは、何割かはまったく知らない言語が混じる世界で仕事をしているようなものだと言ったら言い過ぎでしょうか。

私は東京大学の理学部地球惑星物理学科を卒業後、宇宙科学研究所（現・宇宙航空研究開発機構＝ＪＡＸＡ）の月探査チームに所属しました。宿泊施設付きのレストラン（オーベルジュ）の経営に参画したり、指揮者を目指してウィーンに留学したりもしました。現在は永野数学塾という数学や物理を個別指導する塾の塾長を務めています。こう並べて書くと、節操のない荒唐無稽《こうとうむけい》な人生に見えるかもしれませんが、どの場面でも共通しているのは、**数字とは強い縁があった**ということです。

そもそも学生時代に理系の道を選んだのは、数学が得意だったからではなく、数字の表す深淵《しんえん》なる世界に魅せられたからでした。**他のどんな言葉よりも雄弁にものを語る言葉としての数字の魅力に気づき、引き込まれたのです。**

指揮者としてプロの音楽家を目指してからも、音楽の美しさの中に数字が織りなす合理性を常に感じていました。また、オーベルジュの経営に参画したときは、日々、売上の数字を読み、事業計画では数字を作っていました。借り入れ金額と利息と支払い回数から複利計算を行い、総支払額を資料にまとめて銀行に提出したら、「どうしておわかりになるのですか?」と驚かれたこともあります(まだ自動計算してくれるサイトは存在しない時代でした)。そして今は、社会人も教える数学塾の塾長として、生徒の皆さんが数字を好きになり、数字に強くなっていく様を間近で見られることに幸せを感じる毎日です。

なにより、私がそのときどきで気の向くままに、畑違いのいろいろな分野に挑

戦する勇気を持てたのは、自分は数字に強いという自負があったからだと思っています。

たいていの社会では「数に強い人」は「数に弱い人」に比べて少数派です。しかも数に強い人が、その強みを生かせるシーンは、数に弱い人が想像するより遥かに多岐にわたっています。結果として数に強いことをアドバンテージに感じることが多いので、たとえ未知なる分野であったとしても「なんとかなるんじゃないか」という自信が持てるのです。

現在のビジネスシーンにおいて最もホットな話題と言えば、やはり機械学習とこれを応用したＡＩ（人工知能）でしょう。機械学習とは、人間が行う学習と同等の「学習」をコンピュータに行わせようとするテクノロジーのことを言いますが、その際コンピュータが読み込むデータはすべて数字です。人の好みや感情も数値化されます。そして、機械学習を行うコンピュータが膨大なデータの中から規則性や判断基準を見つけ、未知のものを予測する際に使うのが統計学です。

２０２２年度から施行される予定の高等学校指導要領（案）を見ると、統計関連の単元が目を見張るほど多くなっています。**これは、現代が人類史上最も「数字がものを言う時代」だからです。ＩＴの技術が進歩し、機械学習のニーズが高まることによって、数字が判断と予測の基準となる世界が急速に広がっています。**

このような時代において、「数に強い」ことがビジネスパーソンにとってどれほど有利な資質であるか、もうこれ以上言う必要はないでしょう。

私はこれまで20年以上、学生はもちろん多くの社会人の方々にも個別指導してきました。「数に弱い人」がどれだけ数字にコンプレックスを持っているかは熟知しているつもりです。**この本は、そんな「数に弱い人」に向けて、数に強くなるためのノウハウをマンツーマンで授業させていただくつもりで書きました。**

授業は6時限目まであります。

第1部「準備篇」では、「数に強い人」になるための３つの条件を明示します。それは、「（１）数字を比べることができる」「（２）数字を作ることができ

る」「(3)数字の意味を知っている」です。第1部は授業に入る前のオリエンテーションのようなものだとお考えください。その後、3つの条件をクリアするのに必要な知識とテクニックを、それぞれ第2部と第3部でお伝えしていきます。

第2部「教養篇：1時限目～4時限目」では、数字に親しみ、興味を持っていただくことが目的です。「科目」には、汎用性の高さと多面性を考慮して、算数、社会、自然科学、芸術の4つを選びました。1時限目の算数では、数字の持つ個性について、2時限目の社会では、日々のニュースを理解し、社会全体を俯《ふ》瞰《かん》する際に核となる数字について、3時限目の自然科学では宇宙を表す数字に付随する単位について、そして4時限目の芸術では数字が体現する美しさについてお話しします。

続く第3部「技術篇：5時限目～6時限目」では、数字を比較し、使えるようになるためのテクニックを習得していただきます。これらの技術は、数字を使って思いや考えを伝えようとするときには欠かせないスキルです。

詳しくは準備篇でお伝えしていきますが、割合や分数といった基本的なところから始めて、最後はフェルミ推定や定量化の方法まで話を進めていきます。

厳密に言えば数《すう》とは量や順序を表す概念であり、数字はその概念を表す記号ですから、「数」と「数字」は意味が違います。ただし、数を「かず」と読むときは、両者はほぼ同じ意味であると考えていいでしょう。辞書でも「かず」と「すう」は別項目になっていて、「かず」の方には「物の順序を示す語。また、その記号。数字」とあります(『大辞泉』)。実際、「2桁の数《かず》」と「2桁の数字」では意味の差はありません。

私は本書の中で数字が持つ豊かな意味を紹介し、数字の限りない可能性と魅力をお伝えしたいと思っています。本書のタイトルが「数字に強くなる本」ではなく、「数に強くなる本」であるのも、「数字」よりも多様性を感じさせる「数」を使うことで、本書のメッセージを少しでもお伝えしたいと思ったからです。とは言え、この本では今後「数」と「数字」を厳密に使い分けることはしません。どちらも（極めて広義に解釈しながら）同じ意味で使っていきます。

いずれにしても、本書の目標は読者の皆さんが数字を言葉のように扱えるようになることです。言葉は人の想いや感情を伝えます。数字もまた然《しか》りです。数字は人を動かし、ときには人生をも左右します。**そんな圧倒的な情報量を持つ数字を自在に操る「数に強い人」になってもらいたい——その一念で私は本書の筆をとりました。**

本書を読み終えていただいたとき、あなたはきっと数字が語る豊かな概念を理解し、数字に愛着と自信が持てるようになっているはずです。それは、新しい外国語を身につけて、新しい世界への扉が開くような経験であると同時に、新しい楽器が弾けるようになるような成長でもあります。数字を通して今まで見えなかったものが見えるようになり、思考プロセスの中で数字が最も確かな拠《よ》り所になるという知の革命によって、**あなたの人生は大きく変わることでしょう！**

東大→JAXA《ジャクサ》→人気数学塾塾長が書いた数に強くなる本　目次

第1部　準備篇

第2部

教養篇

1時限目　算数

2時限目　社会

3時限目　自然科学

4時限目　芸術

第3部

技術篇

5時限目 数字を比べる

6時限目 数字を作る

第1部

準備篇

◆「数に強い」とはどういうことか？

「数字が苦手だ……」と悩む社会人の方は少なくありません。

資料や会話の中に数字が出てくると拒否反応（数字アレルギー）が出てしまったり、いざ数字を使ってみようと思ってもその使い方がわからなかったり……。

そもそも、数字が苦手な原因はなんでしょうか？

計算が苦手だからでしょうか？

学生時代に数学が苦手だったからでしょうか？

しかし、計算力を高めたり、数学を学び直したりするのは時間も労力もかかります。今更そんな勉強したくないというのが、多くのビジネスパーソンの本音ではないでしょうか？

安心してください。

仕事や生活の上で数字に強くなるためには、高い計算力は必要ありません。また、数学ができるかどうかも関係ありません。

最初に、私の考える「数に強い人」の条件を挙げておきます。**この3つの条件を満たすことができれば、誰でも自他共に認める「数に強い人＝数字を言葉のように扱える人」になれます。**

(1) 数字を比べることができる
(2) 数字を作ることができる
(3) 数字の意味を知っている

◆(1)数字を比べることができる

先日、友人とこんな会話がありました。


「永野、ちょっと聞きたいことがあるんだけど……」

「なに？」

「家電量販店ってさ、現金割引の店とポイント還元の店があるじゃん？　あれってどちらの方が得なの？」

「同じ率なら現金割引の方が得だよ」

「そうなの？　なんで？」

「たとえば定価1万円の商品を買いたい場合、Aという店では20％割引で、Bという店では20％ポイント還元だとしよう」

「うん」

「A店では1万円の20％割引だから、2000円安く買えるよね？」

「そうだね」

「一方のB店では1万円を払って、20％のポイント還元だから、2000円分のポイントが付くね」

「うん。でも、だったら、得をするのはどちらも2000円で同じじゃない？」

「いや、そう思ってしまいがちだけれど、割引率を考えたら実は同じじゃないんだ」

「どういうこと？」

「B店では、1万円の商品と2000円分のポイントを手に入れたわけだから、1万2000円分の『価値』を1万円で買ったことになるでしょう？」

「まあね……」

「だとすると、1万2000円に対して、2000円の割引をしてくれることになるから、B店の割引率は……17％ぐらいにしかならないんだ」

「えっ？　それはどういう計算？」

「2000円÷1万2000円だよ」

「計算速いね」

「約分すると、1／6だからね」

「ふ～ん……A店は20％割引だから、A店の方が得ってことか」

「そうそう」

「なるほどね。ちなみに何％のポイント還元だったら、20％の現金割引と同じになる？」

「えっと……25％かな」

「へえ～。結構違うね。わかった。ありがとう！」

言わずもがなですが、数字は非常に強い説得力を持っています。だからこそ私の友人も20％現金割引と20％ポイント還元の違いが気になったのでしょう。

ではなぜ数字には強いメッセージ力があるのでしょうか？　**それは、数字を使えば厳密に比べることができるからです。**自宅の床面積、道路を走る乗用車の速さ、体重等々、雰囲気や印象ではほとんど違いがわからない場合でも、数字はその僅《わず》かな違いを教えてくれます。

ただし、数字を正しく比べるためには、**割合や比、分数**についての理解が必要不可欠です。

また、後（199頁）でご紹介する**「分数計算のトライアングル」**を使えば、20％の現金割引と25％のポイント還元が同じ割引率であることも、簡単に弾き出せるようになります。分数計算のトライアングルは、多くの方が苦手としている計算を一瞬で行えるようにするツールなので、これを知っているだけでも周囲から一目置かれるはずです。

◆（2）数字を作ることができる

新商品の名前を会議によって決めなければいけない場面を想像してください。会議には6人の社員が出席しています。名前は公募によって集まった10個の候補の中から選ぶとしましょう。こんなとき単なる多数決を取るだけでは6人がそれぞれ、別々の候補に投票する可能性があり、そうなるとひとつに決めることができません。またそこまでバラバラにはならなくても、3票ずつ2つに分かれてしまうこともあるでしょう。

そこでお勧めなのは、良いと思う順に1〜3位を決めてもらい、1位には3点、2位には2点、3位には1点のように点数を付与して集計する方法です（このような意見の集約方法をボルダルールと言います）。こうすれば、票が割れて同点になるケースはほとんどありませんし、多くの人が3位以内にランキングした万人向けの候補に決まる可能性が高くなります。

「数字を作る」とは要するにこういうことです。他にも、アルバイトを雇うとき、経験者が1人で行うには100日かかる仕事があるならば、経験者には1、未経験者には（たとえば）0・8を付与して数値化することで、のべ60人の経験者と、のべ50人の未経験者が必要だ、などと計算することもできます。

それから、隠れている数字をあぶり出すことも「数字を作る」ことのひとつです。今あなたが手に取ってくださっている本書についても、価格、発行日、発行部数、総頁数、単語数、文字数、縦・横・厚さなどの寸法、重量、オンライン書店の順位、レビューの数、同ジャンルの書籍の売上等々の数字を引き出すことができますね。

つまり、「数字を作ることができる」というのは、気持ちの強さとか仕事の熟練度などの質的パラメータも数値化して量的パラメータにすることができる上に、対象がもともと持っている数字を漏らさず見つけられる能力です。

このようにすれば、世の中のありとあらゆることは数値化できると言っても過言ではありません（そうすることの是非《ぜひ》はまた別の問題です）。

◆(3)数字の意味を知っている

私は以前、数学塾の塾長と指揮者の卵という二足のわらじを履いていました。その頃、誰よりもお世話になったのは現在ベトナム国立交響楽団（ＶＮＳＯ）の音楽監督兼首席指揮者でいらっしゃる本名徹次《ほんなてつじ》さんです。その本名さんが「ベトナムのオーケストラと恋に落ちた日本人指揮者の16年間」と題されたＹａｈｏ o！ニュースの特集で取り上げられたことがあります。

記事は本名さんがどれほどこのオーケストラのために尽力され、深い愛情でVNSOを育ててきたかを丁寧な筆致で綴《つづ》ったものでしたが、その中に本名さんが音楽監督として得ている収入は月給400ドルだという記述がありました。

本名さんは、東京国際音楽コンクール最高位、ブダペスト国際指揮者コンクール第1位等の輝かしいコンクール歴を誇り、日本国内の主要オーケストラのほか、ヨーロッパの名門オーケストラにもたびたび客演されています。

その本名さんの月給が400ドルなんてあまりに安すぎるのは間違いありません。しかし、400ドルという数字を単純に「400ドル≒4万5000円」と日本円に換算して、日本国内の物価や賃金で測っていいものでしょうか？

気になった私は、ベトナムの経済事情を少し調べてみました。

日本貿易振興機構（ジェトロ）が発表している投資コスト比較によると、VNSOが本拠を置くハノイの法定最低賃金は月給169ドル。また製造業のエンジニア（中堅技術者）の月給は424ドルとあります。

もちろん、国際的なキャリアを誇る本名さんが月給400ドルで音楽監督を引き受けていらっしゃることは、本名さんご自身の音楽と人間に対する深い愛情があるからこそ、そしてベトナムのオーケストラの音と人間に惚《ほ》れ込み、報酬や待遇に関係なく楽団員を家族のように愛されているからこそ実現しているわけです。そんな本名さんには尊敬の念しかありません。

ただ一方で、ベトナム国内の賃金についての知識を得れば、**400ドルという数字の意味を立体的に捉えることができるようになるのもまた事実です。**

数字に限らず、人は意味のわからないものは嫌いです。逆に意味のわかるものには自然と興味を惹《ひ》かれるものでしょう。数字アレルギーの人が数字を嫌うのは、そもそも数字の意味がわからないからではないでしょうか？

知識は焚《た》き火に似ていると私は常々思っています。キャンプファイヤーをやるとき、最初の火をおこすのは少々骨が折れますが、一度火がついてしまえばその火を大きくしていくのはそう難しいことではありません。数字の知識も同じです。**いろいろな分野について「火種」になり得る基本の数字を知識として持っていれば、数字の知識がどんどん広がります。そうなれば数字に興味を持つことが**

できて、数字が言葉よりも雄弁に語りかけてくるメッセージを受け取れるようになります。

もちろん、そうした数字の知識は数字を比べようとする際にも欠かせません。

「数に強い人」は、自分の専門分野はもちろん、専門外のさまざまな分野についても基本となる数字の意味を知っているものです。

◆数学に強い必要はない

学生時代に数学で苦労したために数字アレルギーになってしまった方は多いと思います。

でも安心してください。

先ほども書きましたとおり、**数に強くなるためには数学に強い必要はありません。**

思い出していただきたいのですが、中学・高校の数学で最も重要かつ中心的な役割を果たしていたのは文字式です。数学と算数の最も大きな違いは文字式を使うか使わないかだと言っても過言ではありません。

ではなぜ数学では数字の代わりにアルファベット等の文字を使うのでしょうか？　**それは、数学がいつも一般化を目指しているからです。**

たとえば偶数を２nと表したり、xとyを使って関数を表したりするのは、さまざまな数を文字に代表させて、無限に存在する数の性質や数と数との因果関係を端的に捉えることを目的にしています。

中学・高校の数学でたくさん登場する公式の数々は、そうした一般化の成果です。公式が使える問題については、どんな問題であってもたちどころに解決することができます。そしてすでに一般化された公式あるいは解法を積み上げることによってより深く、難しい問題を解決していこうとするのが数学の根本的な姿勢です。

一般に成り立つ法則を具体的な例に当てはめて考えることを演繹《えんえき》と言いますが、数学の醍醐味《だいごみ》はこの演繹的思考にあります。

たとえば２次方程式には解の公式というものがありましたね。文字で与えられる２次方程式の解の公式は非常に複雑な式ですが、文字に具体的な数字を代入することで、どんな２次方程式の解も必ず求められます。公式を使うことの恩恵は

（たとえ数学が苦手であっても）、誰でも一度は感じたことがあるのではないでしょうか？

数学に強いということは既存の公式を適切な場面で使うことができるだけでなく、それらを組み合わせて未知の問題を解決していく方法を探り、最終的にはその新しい問題に対する公式や解法を一般化できるということです。

演繹的思考を積み上げて具体的な問題に対処し、そこで得られた知見を再び抽象化して次の演繹的思考に生かせる能力が重要であることは言うまでもありません。

「文系に進むつもりだったのに、数学なんか勉強させられて損したよ」

というのはよく聞くセリフですが、学生の皆さんが文系・理系を問わず数学を学ぶ目的は、**論理的思考を身につけ未知の問題に対する問題解決能力を磨くこと**にあります。

私は一数学教師として、学生時代に数学が苦手だった社会人の皆さんにこそ、今一度数学を学び直していただきたいと常々考えています（実際、私がこれまで書かせていただいた本のほとんどは「大人のための数学学び直し本」です）。

しかし、本書でお伝えする「数に強くなる」ための能力は、文字式を通じて具体と抽象を自由に行き来するような力ではありません。それは、数学の難問を解くように時間をかけてひとつの問題を突き詰めて考える力ではなく、**短い時間ですぐさま答えを導き出す力です。厳密な答えではなくとも行動の指針となるような、あるいは判断の基準となるような数字を即座に打ち出すことができる力だと**も言えます。

◆なぜ数字が重要なのか？

「数字で語れない者は去れ」（孫正義）

「会計の数字は飛行機の操縦席にあるメーターみたいなもの。実態を表していなければ正しい方向に操縦はできない」（稲盛和夫）

「数字算出の確固たる見通しと、裏づけのない事業は必ず失敗する」（渋沢栄一）

「数字なき物語も、物語なき数字も意味はない」（御手洗冨士夫）

「経営とは数字である。同じく仕事も数字である。人が動く、そしてものが動く

と、**数字は必ず動く。数字は結果であり、業績を表す」**（鈴木修）

このように、ソフトバンクグループ会長兼社長の孫正義氏をはじめ、京セラ創業者にして日本航空名誉会長の稲盛和夫氏、「日本資本主義の父」と言われる渋沢栄一氏、キヤノン会長兼社長の御手洗冨士夫氏、自動車メーカー・スズキの相談役鈴木修氏などなど、日本を代表する実業家の方々が異口同音に数字の重要さを説いていらっしゃいます（もちろんこれらはほんの一例です）。

ではなぜ、数字はそこまで重要なのでしょうか？

あなた自身も数字の大切さを痛感しているからこそ、この本を手に取ってくださったのだとは思いますが、**今一度、なぜビジネスパーソンにとって数字を読み、数字の意味するところを考え、そして自分で数字を作れる能力が必要不可欠なのかを考えてみたいと思います。**

ガリレオ・ガリレイが語ったとされる **"L'universo é scritto in lingua matematica."** という言葉は大変有名で、日本語では **「宇宙は数学という言語で書かれてい**

る」と訳されます。

ただし、ここで言う「数学」は文字式で表される方程式や関数のことではありません。

数を1つの文字で表すことを最初に提唱したのは、16世紀の後半にフランスで活躍したフランソワ・ヴィエトという人です。ガリレオが活躍したのもほぼ同時代ですから、ガリレオの時代には「文字式」の概念や使い方はまだ確立されてはいませんでした。また今日的な意味で「関数」を初めて定義したのはレオンハルト・オイラーであり、オイラーは18世紀の数学者ですから、ガリレオは関数を知る由がありません。

ガリレオがmatematicaという言葉で指していたのは、数字を用いた計算と幾何学のことだろうと推測されます。

実際、先の言葉の後には次のような言葉が続いています。

「そしてその文字は三角形であり、円であり、その他の幾何学図形である。これがなかったら、宇宙の言葉は人間にはひとことも理解できない。これがなかったら、人は暗い迷路をただきまようばかりである」

ガリレオは、神が創り給《たも》うた宇宙は記号によってしか理解できないと言っているわけです。

では、なぜ記号でないと駄目なのでしょうか？

それは、**数字も含め記号には絶対的な正確性と誤解の入り込む余地のない厳密さがあるからです。**対して、私達が日常使っている言葉は、どこかに曖昧《あいまい》さや不明瞭さが残ります。同じ言葉を使っているのに受け手によっては全く違う解釈をされてしまうという経験は誰にでもあるはずです。しかし、記号にはそれがありません。記号こそが完全無欠の「言葉」であり、完璧な美である（はずの）宇宙を記述できるのは、その記号だけだとガリレオは考えたのでしょう。ビジネスにおいて数字が重要であるということの本質もまさにここにあります。

◆数字には物語が必要である

正確性と厳密さが求められるビジネスシーンにおいては数字が大変重要であるとは言え、**数字は使いさえすればいいというものではありません。**ただ並べられただけの数字は単なる値に過ぎないからです。

私は職業柄、いろいろな生徒からテストの答案を見せてもらうことがありますが、たとえばそれが62点だった場合、「62」という数字だけでは何も感じられませんし、何も語れません。平均が50点である場合と平均が70点である場合とでは、62点の意味は大きく変わってきます。ですから私は必ず平均点が何点だったかを尋ねます。

また最近の学校は平均点だけでなく標準偏差（平均からのばらつきを示す統計量。標準偏差が大きいとばらつきも大きい）や、クラスや学年全体の得点分布がわかるヒストグラム（棒グラフ）等を資料として配ってくれるところも少なくないので、そういったデータがわかる場合は、それらの数字とも組み合わせて考えます。そうやって初めて62点という点数が持っている本当の意味が見えてきます。

もちろん、過去の点数を知っている場合は、そこからどのように変化したのかもじっくり検討します。仮に前回も今回も平均を下回ってしまったとしましょう。でも、前回より平均に近くなっていたり、あるいは平均からの差は同じでも、標準偏差が前回よりも今回の方が大きかったりする場合には、成長が認められます（たとえば標準偏差〈ばらつき〉が10点のテストで平均マイナス15点の場合は、落ちこぼれだと言わざるを得ませんが、標準偏差20点のテストにおける平均マイナス15点は落ちこぼれというわけではありません）から、その頑張りは褒めてあげるべきです。

ある生徒の前回と今回の成績が、

前回：60点（平均70点・標準偏差10点）

今回：62点（平均70点・標準偏差15点）

だった場合、その生徒が、

「今回も平均に届きませんでした」

と悲嘆にくれていたとしても、これらの数字を使って、

「でも、前回より標準偏差が大きくなっている中、平均からの差も縮まっているわけだから、実質的には上向いているよ。この調子で頑張ろう！」

という希望の物語《ストーリー》を語ることができます。

数字から物語《ストーリー》を引き出す好例を1つ紹介しましょう。アクサ生命保険が25～44歳までの働く独身女性６００人を対象に行った調査報告（２０１０年）ですが、

そこには、

結婚相手に求める理想の年収：平均約552・2万円
愛する人に求める年収：約270・5万円

というデータが示してあり、その後に、

その差額281・7万円が「愛の価格」と言えるかもしれません。

とまとめてあります。

この世で最もプライスレスであると言っても過言ではない愛の価格をこのように決めてしまうことについての反論はもちろんあると思いますが、結婚相手に求める理想の年収と愛する人に求める年収の両方を調べることで、**その差額から「愛の価格」は281・7万円であるとする「物語《ストーリー》」は、大変興味深いと私は思いました。**この物語《ストーリー》を知れば読者の皆さんにとっても「552・2」という数字と「270・5」という数字は、無味乾燥な単なる値ではなくなったことでしょう。

数字を読むときも、数字の意味を考えるときも、数字を作るときも、数字が本来持っている物語《ストーリー》を紡ぎ出そうとする努力を決して忘れてはいけません。この点についてはスティーブ・ジョブズ氏も「ただ数字を見るのではなく、覆いの下をのぞいて、アイディアと人間の質を評価するのだ」と言っています。

◆「数に強い人」になるために

本書では、冒頭に述べた「数に強い人」の3つの条件をクリアするための最短距離を示していきたいと思っています。

(1) 数字を比べることができる

《関連する項目》

- **割り算の2つの意味（172頁）**
- **分数（182頁）**

- **割合と比（191頁）**
- **単位量あたりの量（202頁）**

前述の通り、数に強くなるための力は数学の力ではありません。小学校の算数の力です。とは言え**分数**や**割合**、**単位量あたりの量**などは社会人でも苦手としている方が少なくありませんから、本書ではこれらのつまずきどころを、**割り算の2つの意味**の理解を緒にして、今一度丁寧に解説していきます。

(2) 数字を作ることができる

《関連する項目》

- **概算（212頁）**
- **フェルミ推定（224頁）**
- **定量化（235頁）**
- **暗算のテクニック（253頁）**

会話や会議の中で自ら数字を作って説得力を高めようとするとき、必要なのはスピードです。多くの現場では細かい誤差は気にせず大まかな値をざっと**概算**する力が求められます。

またそこから一歩進んで、最近は有名になった**フェルミ推定**を通して、いくつかの推定量を組み合わせて、だいたいの値を見積もる力も養っていただきたいと考えています。

定量化とは質的なものに数値を与えることです。ほぼ数値化と同義ですが、定量化というときには変化に注目していると言っていいでしょう。先ほど数字には物語《ストーリー》が必要であると書きました。物語《ストーリー》とはすなわち変化を語ることですから、質的要素が変化していく推移を数字で表す「定量化」の方法は、「数に強い人」には欠かせないスキルです。

最近ではスマートフォンに電卓アプリが必ずインストールされていますから電卓は常に身近にあるわけですが、やはり即断即決のスピード感を保つためにはある程度の計算力も必要です。そこで、大人の方が簡単に計算力を上げられる**暗算のテクニック**もいくつか紹介したいと思っています。

(3) 数字の意味を知っている

《関連する項目》

・各分野で基本となる数字の知識（第２部）

「数に弱い人」は、どんな数字も無機質で均一化された記号の並びにしか見えません。その最大の原因は、数字のことをよく知らないからだと私は考えます。英単語の意味を知らなければ、英文は退屈なアルファベットの羅列になってしまうのと同じです。ですから本書ではまず**第２部**で、各分野の知識の「火種」になるような**基本となる数字の意味**を紹介します。できるだけ皆さんの興味を引くように工夫して書いていくつもりですので、どうぞお付き合いください。

◆誰でも数に強くなれる

Strictly speaking, a number is a concept representing quantity or order, and a figure is a symbol representing that concept, the meaning of “number” is different from "figure". However, when reading a number as "Kazu", you can think that both words have almost the same meaning.

縦書きの本なのにいきなり英文を書いてごめんなさい。

さて、あなたは今、この4行足らずの英文を見てどのように感じましたか？　読みづらいという理由で飛ばして読んだ方も多いとは思いますが、ただ英文であるという理由だけで読み飛ばした人は、もしかしたら「英語アレルギー」かもしれません。

英語に弱い人は、ネットサーフィン中にクリックしたリンク先が英文であったり、買った電化製品の説明書が英語だったりすると途端に読む気がなくなるようです。海外のアプリのメニューに英語しかないと、それがどんなに便利なアプリであっても使おうとしない人も少なくありません。英語に弱い人は英文に出合ったとき、それが自分にわかるものかどうかを検証しようとはしません。

これは「数に弱い人」が数字の羅列を見ただけでその数字を読み飛ばしてしまうのとよく似ていると思います。実際、英語の力というのもまた英語を読み、その英文の意味するところを考え、そして必要であれば英文を作れる力です。

実は、先ほどの4行の英文は、「はじめに」の後半に書いた文章（12頁）を私が英訳したものです（拙《つたな》い英文で恐縮です）。先入観なく腰を落ち着けて読んでいただければ（1つや2つ知らない単語があったとしても）なんとなく意味はわかってもらえるのではないでしょうか？

英語を理解するためには、英単語の知識や文法の理論が必要不可欠であるように、**数に強くなるためにもやはり知識と理論は必要です。でもそれはきっと皆さんが思っているほど多くはありません。**

大学受験業界を代表する英語教師のお一人で、受験参考書やTOEIC®対策本の著作も多い安河内哲也《やすこうちてつや》氏は、英語ができるようになるためには文法や単語などの理論（記憶）を頭に入れた後、それらがいわば言語的な反射神経に変わるまで、何度も何度も音読学習することが必要だと書かれています。

たとえば野球の場合、理想的なバッティングフォームを本で読んだだけで打てるようになる人はいません。正しい理論（知識）を頭に入れた上で、何百回、何千回と素振りをして初めて学んだ理論を試合に生かせるようになります。

安河内氏によると英語に強くなるためには他の受験科目のように机の上でカリカリと勉強することと、体育や音楽のように実際に体を動かしながら練習することの両方が必要とのことです。

これは数に強くなるために必要なことと全く同じだなと私は思います。**私は本書の中で数に強くなるために必要な知識と理論を厳選してお伝えしていきます。**もしかしたら、

「たったこれだけで数に強くなれるのか？」

と思われるかもしれません。実際、本書を読み終えたとたんに数に強くなるということはないでしょう。

でも、**ご自身の生活や仕事の中で数字に触れ、数字の意味を考え、そして数字を作るという実践を繰り返していただければ、必ず誰でも数に強くなることができます。**

英語と同じく数字も理論や知識ばかりを詰め込むと実際には必要のないものまで頭に入ってしまい、結局は頭でっかちで使えない無駄な知識だけが増えていくことになってしまいます。

ぜひ、机上の勉強と実践での練習のバランスが50％：50％になるように心がけてください。

そうして、本当の意味で「数に強い人」になってください。

いよいよ授業に入っていきましょう。まずは雑学的な数字のお話から。肩肘張らずに気楽に、でも大いに期待しながら読み進めていただければ幸いです。

第2部

教養篇

1時限目　算数

◆アインシュタイン以上の天才

シュリニヴァーサ・ラマヌジャンという人物をご存じでしょうか？　ラマヌジャンは20世紀の初めに活躍した数学者であり、「インドの魔術師」という異名を持っています。２０１６年に公開された映画『奇蹟がくれた数式』（原題：The Man Who Knew Infinity）のモデルにもなりました。

ラマヌジャンが「魔術師」と呼ばれるのは、ラマヌジャンが遺したおびただしい公式群がまるで魔法によって生み出されたように感じられるからです。

アインシュタインの相対性理論は、もしアインシュタインがいなくても10年から20年のうちには他の誰かが発見しただろうと言われます。なぜならそこにはある種の論理的あるいは歴史的な必然性があるからです。

しかし、ラマヌジャンの公式群には必然性が見えません。それらはラマヌジャンがいなければ今なお未発見のままだったかもしれないのです。余人にはまったく想像がつかないその発想の源について、ラマヌジャン自身は「信じてもらえないだろうが、すべて毎日お祈りしているナマギーリ女神のおかげなんだ」と答えています。

また「神の御心《みこころ》を表現しない方程式は何の意味もない」とも語っています。おそらく本人にすら、なぜ自分が発見できたのかはわからないのでしょう。

今日、ラマヌジャンが発見した定理や公式は、素粒子論、宇宙論、高分子化学、がん研究など実に多方面に影響を及ぼすようになっています。これについてプリンストン高等研究所の名誉教授で物理学者のフリーマン・ダイソン（1923〜2020）は、

「ラマヌジャンを研究することが重要となってきた。彼の公式は美しいだけでなく実質と深さをも備えていることがわかってきたからだ」

と言っています。

◆数字の中にキャラクターを探す

『奇蹟がくれた数式』の中にこんなシーンがあります。

ラマヌジャンの天才性を見抜き、ケンブリッジ大学に呼び寄せたゴッドフレイ・ハーディ教授（1877〜1947）は、あるとき乗ったタクシーのナンバープレートが1729だったことを話題にし、

「実につまらない数だ」

と言うのですが、これに対しラマヌジャンは、

「いいえ、そんなことはありません。非常に興味深い数です。1729は2つの**立方数**（整数を3乗した数）の和として表すことができ、しかも表し方が2通りあります。さらにそのような数の中で1729は最も小さい数です」

と答えます。

ラマヌジャンが言っていることを数式にしてみましょう。


1729＝12×12×12＋1×1×1（12の3乗＋1の3乗）

＝10×10×10＋9×9×9（10の3乗＋9の3乗）

このシーンは、ラマヌジャンの桁外れの計算力を伝えるためのものだったかもしれません。でもケンブリッジ大学の教授であり当時のイギリス数学界を牽引《けんいん》していたハーディですら気づくことができなかった、１７２９という数字の「興味深さ」を一瞬で見抜くことができたのは、**普段から数字の中にキャラクターを探す癖が体に染み付いていて、１７２９についても右のような性質があることを知識として知っていたからだと私は思います。**

同じく数学者をモデルにした『博士の愛した数式』という日本映画がありました（２００６年公開）。小川洋子さんの原作は第1回の本屋大賞を受賞し、文庫版は当時としては史上最速の２カ月で１００万部を突破する大ヒットになりましたので、ご存じの方も多いことでしょう。

この映画の中に、「博士」が「私」に誕生日を尋ね、それが2月20日だとわかると、自分が学生時代に学長賞としてもらった腕時計に刻印された数字２８４

（歴代受賞者数）を見せながら、

「実にチャーミングだ。２２０と２８４は**友愛数だ**」

と喜ぶシーンがあります。

また「博士」のおかげで数字に興味を持った「私」が、28の約数（28自身を除く）の合計が28になることを発見して、そのことを報告すると博士が、

「ほう！　**完全数**だね」

と目を細める場面もあります。

1、2、3……と続く整数の中には、さまざまなキャラクターを持った数が潜んでいます。奇数、偶数、素数、合成数、平方数、立方数、三角数、四角数、友愛数、完全数、メルセンヌ数、フィボナッチ数列などなど。

数に強くなる第一歩は数字と仲良くなることです。日々目に飛び込んでくる数の羅列の中に、そのキャラクターを知っている数があれば、まるで旧知の友に町中で出会うような親しみと喜びを覚えることと思います。**一つひとつの数字の個性を知れば、数字は無味乾燥な記号ではなくなるのです。**

ここでは、そんな数のキャラクターの中から、次の6種類を紹介したいと思い

ます。

- **素数**
- **倍数（の見つけ方）**
- **平方数と立方数**
- **完全数**
- **友愛数**
- **巨大数**

それぞれの詳しい内容は追ってご説明しますが、これらの数を選んだ理由は次の通りです。

素数はすべての数の素《もと》ですから、素数であることは数が持つ最も強烈な個性だと言っても過言ではありません。したがいまして、ここでも素数については特に詳しくお話しします。

無数にある数をその個性によってグルーピングする際、一番簡単な方法は、偶数と奇数に分けることです。これは2の倍数であるものとそうでないものを分けたことになりますが、同じようにして、いくつかの数についてその**倍数の見つけ方**を知っていれば、それぞれの個性によって数をグルーピングできます。もちろん、この知識はワリカンにしたり約分したりする必要があるシーンでも役立ちます。

平方数と立方数も基本的な数のキャラクターですが、これらの数を暗記しておけば、暗算にも有用ですので、語呂合わせと共に紹介します。

完全数や**友愛数**は、高校までの教科書には登場しないやや難しい数の個性ですが、数に完全とか友愛とかいう名前を付けた先人達が、これらの数になぜ愛着を持ったのかを感じていただければ幸いです。

言うまでもなく、数は無限に続きます。では、とてつもなく大きな数はどのように表されるのでしょうか？　**巨大数**の紹介を通じて、そんな知的好奇心が刺激されることを期待しています。

◆素数

素数というのは１より大きく、１とその数自身以外では割り切ることのできない整数のことを言います。言い換えれば、1と自分自身以外に約数を持たない2以上の整数が素数です。素数は文字通り数の素であり、素数以外の整数は6＝2×3のように素数の積に分解することができます（これを**素因数分解**と言います）。例として50までの素数を列挙してみましょう。

2、3、5、7、11、13、17、19、23、29、31、37、41、43、47

これらの数を見て、あなたはどのように感じますか？　もしちょっととっつきにくい感じ、あるいは友達にはなれないような感じを抱くとしたら、あなたはすでに数のキャラクターを感じる力があるのだと思います。私は数式を解いている最中にこれらの数が出てくると、ちょっと厄介だな～という印象を持ちます。なぜなら、これらの数は他の数の積に分解することができないので、約分したり、共通の数でくくったりといった計算技巧が使えないからです。

素数は英語では prime number と呼ばれています。prime は「最も重要な」とか「最高位の」とかの意味を持つことからもわかるように、素数は（計算上は扱いづらいものの）あらゆる数の中で最も重要な数であると言っても過言ではないでしょう。

それほど重要な数でありながら小さい順に素数を探していくと、その表れ方は非常に不規則であり、とらえどころがありません。素数についての研究は2000年以上前の古代ギリシャの時代から始まっており、現在も盛んに研究されています。中でも素数の分布に規則性があるのかどうかについては、多くの数学者が関心を持っています。

19世紀のドイツの数学者ベルンハルト・リーマンは、ある仮説のもとに素数の分布についての定理（素数定理と言います）を証明しました。ただし「リーマン予想」と呼ばれるリーマンの仮定が正しいか否かは未《いま》だにわかっておらず、リーマン予想を解決することは、現代の純粋数学における最重要課題であると考える数学者も少なくありません。

余談ですが、1974年に行われ、人類初の能動的な地球外知的生命体探査の試みとして知られる、いわゆる「アレシボ・メッセージ」にも素数が使われています。アレシボ・メッセージとは、プエルトリコのアレシボ天文台から約２万5000光年離れたヘルクレス座の球状星団M13に向けて送られた電波メッセージのことです。この電波メッセージは１６７９個の０と１の数列でできていました。

１６７９は23と73という２つの素数の積です。受信者がそのことに気づき、73行23列の四角形に復元した上で、０は白、１は黒のように色分けできれば、DNAの形、人間の形、太陽系の絵といった意味の通じる画像が浮き出るようになっていました。

もちろん受信者にはこの解読方法を伝える術《すべ》はありません。でも宇宙からの信号をキャッチし、それを解読しようとする知的生命体であれば、当然素数についての知識もあるだろうという前提のもとに作られたわけです。

これは、素数は人間が勝手に作り出したものではなく、水素、炭素、酸素と言った元素と同じく宇宙全体に通用する根源的な「数」であると数学者達が信じている証《あかし》でしょう。

素数は現代の暗号（RSA法）にも利用されています。

古来の暗号は、暗号を解く「カギ」の秘密を守ることが前提となっていました。しかしこのような暗号は一度カギがバレてしまうと、もう暗号として機能しなくなります。

一方、現在使われている暗号は「公開カギ暗号」と呼ばれています。1976年にアメリカのスタンフォード大学のホイットフィールド・ディフィとマーティン・ヘルマンが「暗号の新しい方向」という論文の中で発表しました。

公開カギ暗号の画期的なところは、暗号化に使う「暗号カギ」とそれを元に戻す「復号カギ」が異なり、暗号カギだけを公開してしまうところです。

こうすることで暗号を送りたい人は、受信者が公開している暗号カギを使って暗号を作り、それを送信することができます。一方の受信者は、送られてきた暗号を自分だけが知っている復号カギを使って、復元して情報を受け取ります。

この方法の素晴らしいところは大きく分けて2つあります。ひとつは何と言っても、暗号を元に戻すためのカギを暗号の作成者＝送信者に知らせる必要がないため、暗号が解かれるリスクを少なくできる点です。

また、暗号を作るカギは公開されているため、暗号を送りたい人は誰でも（いちいち問い合わせることなく）暗号を作って安全に情報が送れるという点も優れています。

ただし問題は、そのような「作るのは簡単だが、解くのは難しい」カギをいかにして作るかです。そこで白羽の矢が立ったのが素数でした。

たとえば１２３８８９という数は２２９と５４１という２つの素数の積ですが、このことを知らずに「１２３８８９を素因数分解しなさい」という問題を解くのは非常に困難です（ちなみに229は小さい方から数えて50番目の素数、５４１は１００番目の素数です）。しかし、２２９×５４１を計算して素因数分解が難しい数「１２３８８９」を作るのは（電卓を使えば）簡単です。

このように、一般にある数が素数であるかどうか（素因数分解できるかどうか）を判定するのは難しいのですが、**１２０までの整数であれば、２、３、５、７の４つの素数で割ってみて、いずれも割り切れなければ、素数と断定することがで**

きます（7より大きな素数だけで素因数分解される数のうち、最も小さい数は121〈=11×11〉だからです）。

◆倍数の見つけ方

倍数の見つけ方は知っていて損はありません。

2の倍数：末尾の数字が偶数（0、2、4、6、8）
（例）234は、末尾の数字が4なので2の倍数（偶数）

3の倍数：各位の数の和が3の倍数
（例）555は、各位の数の和が15（3の倍数）なので3の倍数

4の倍数：下2桁が4の倍数か00
（例）5436は、下2桁の36が4の倍数なので、4の倍数

5の倍数：末尾の数字が0か5
（例）980は、末尾の数字が0なので5の倍数

6の倍数：末尾の数字が偶数で、かつ各位の数の和が3の倍数

（例）444は、各位の数の和が12（3の倍数）で、かつ末尾の数字が偶数なので6の倍数

7の倍数：「一の位をなくした数」－「一の位を2倍した数」が7の倍数

（例）581なら、58－1×2＝56。よって581は7の倍数

8の倍数：下3桁が8の倍数または000

（例）75408は、下3桁の408が8の倍数なので8の倍数

9の倍数：各位の数の和が9の倍数

（例）666は、各位の数の和が18（9の倍数）なので9の倍数

10の倍数：末尾が0

（例）880は、末尾が0なので10の倍数

11の倍数：「奇数桁目の数の和」－「偶数桁目の数の和」が11の倍数

（例）2816なら、（6＋8）－（1＋2）＝11。よって2816は11の倍数

11から32までの平方数

平方数	暗記法	
11 × 11 = 121	いい？いい？いついい？	しつこい感じ
12 × 12 = 144	「ヒーフー、ヒーフー」一緒よ	ラマーズ法
13 × 13 = 169	いざ！イチロー君	
14 × 14 = 196	「いいよいいよ」で一苦労	安請け合いはいけません
15 × 15 = 225	行こう行こう。夫婦で Go!	
16 × 16 = 256	いろいろ煮込む	
17 × 17 = 289	いいないいな、2泊	2泊も泊まれて羨ましい
18 × 18 = 324	いやいや、3人よ	2人だと思ったのかな？
19 × 19 = 361	行くのは寒い	
20 × 20 = 400		
21 × 21 = 441	ついついヨーヨーで1位	まさかヨーヨーで優勝するとは！
22 × 22 = 484	夫婦がシワシワ	
23 × 23 = 529	兄さん5人で苦労した	男ばっかり6人兄弟
24 × 24 = 576	節々（ふしぶし）、コナン	名探偵コナンが好きなんですね
25 × 25 = 625	ニコニコ六つ子	
26 × 26 = 676	通路じゃロクなムードにならない	ちゃんとした場所でやりましょう
27 × 27 = 729	船乗りは何食う？	
28 × 28 = 784	庭には菜っ葉よ	
29 × 29 = 841	肉×肉＝弥生ちゃん	弥生ちゃんはお肉が大好き
30 × 30 = 900		
31 × 31 = 961	サイは黒い	
32 × 32 = 1024	3人じゃなくて10人よ	

1から10までの立方数

立方数	暗記法	
1×1×1＝1		
2×2×2＝8		
3×3×3＝27		
4×4×4＝64	よう、よう、よう、無視かよ	無視はいけません
5×5×5＝125	Go!Go!Go! 一気に Go!	
6×6×6＝216	無理！無理！無理！不意は無理！	不意打ちは卑怯ですね
7×7×7＝343	な、な、なんと！刺し身!!	まさか刺し身が出るなんて！
8×8×8＝512	母はコイツ	言葉遣いが……（反抗期？）
9×9×9＝729	来る？来る？来る？何人来る？	みんなが行きたいと言った？
10×10×10＝1000		

◆平方数と立方数

面積を表す単位は「㎡」と書いて「平方メートル」と読み、体積を表す単位は「㎥」と書いて「立方メートル」と読むことからもわかるように、**平方数というのは自然数（正の整数）の2乗になっている数であり、立方数とは自然数の3乗になっている数のことです。**

前頁から本頁にかけて、11から32までの平方数と1から10までの立方数を（覚えづらいものについては暗記法＝語呂合わせとともに）まとめてあります。もちろん1から10までの平方数で

ある、

1、4、9、16、25、36、49、64、81、100

も重要ですが、81までは九九の中に登場しますし、100は簡単に暗算できるので、表からは割愛しました。ただし、これらの数が平方数であることを改めて意識してください。計算に強くなりたい方には、62〜63頁にまとめた数字を頭に入れておくことを強くお勧めします。

◆完全数

ある整数のすべての約数（自分自身は含みません）を足し合わせたものが元の数に一致するとき、その数を**完全数**と言います。最も小さな完全数は**6**です。実際、6の（自分自身を除く）約数は1、2、3であり、

6＝1＋2＋3

であることから、6は完全数です。

6の次の完全数を探してみると**28**が見つかります。28の（自分自身を除く）約数は1、2、4、7、14であり、

28＝1＋2＋4＋7＋14

であることから、確かに28は完全数ですね。

余談ですが、中世の研究者の中には、最初の完全数が6であることは神が6日間で世界を創造したことと関係があり、次の完全数が28であることは月の公転周期が28日であることと関係があると考え、「宇宙は完全数によって支配されている」と主張する人もいたそうです。これについては、イングランドへのキリスト教布教で知られるカンタベリーの聖アウグスティヌスも「6はそれ自体完全な数である。神が万物を6日間で創造したから6が完全なのではなく、むしろ逆が真である」と言っています。

完全数についての研究は古くから行われていて、紀元前3世紀頃に著《あらわ》されたユークリッドの『原論』の中にも次の有名な定理が載っています。

「M＝2^k－1の形で表されるMが素数ならば、M×（M＋1）÷2は完全数であ

る（ちなみにkが素数のとき$M=2^k-1$の形で表される整数をメルセンヌ数と言います）」

確かめてみましょう。$M=2^k-1$においてkに1、2、3……と順に自然数（正の整数）を代入していくと、

M＝1、3、7、15、31、63、127、255……

となります。これらのうち素数である3、7、31、127をM×（M＋1）÷2に代入すれば、**6、28、496、8128**が得られますが、これらは完全数の最初の4つです。

これまで（2021年12月現在）に完全数は**51個**見つかっています。2018年に見つかった51番目の完全数は、4900万桁以上もあるとてつもなく大きいものです。紀元前4世紀頃から続く研究の中でわずか51個しか見つかっていないのですから、完全数は相当珍しい数であることがわかります。にもかかわらず、完全数は無数に存在することが期待されています（証明はされていません）。

また、これまでに見つかった完全数はすべて偶数ですが、奇数の完全数が存在するかどうかも未解決です（1500桁未満の奇数の完全数が存在しないことはコン

ピュータを用いて2012年に示されました)。もし、奇数の完全数が見つかれば、世紀の大発見だと言えるでしょう。

◆友愛数

二千数百年探しても51個しか見つかっていないことからもわかるとおり、完全数を見つけるのは非常に困難です。ほとんどの数は(自分自身を除く)約数を足し合わせていくと、もとの数よりも大きくなったり小さくなったりします。しかし、ある2つの数が約数の和の過不足を相殺《そうさい》するケースがあります。それが**友愛数**です。

たとえば**220**の約数は1、2、4、5、10、11、20、22、44、55、110であり、これらを足し合わせると284になります。一方、**284**の約数は1、2、4、71、142であり、これらを足し合わせると220になります。よって、220と284は**友愛数**です。

本稿執筆時点で12億組以上の友愛数が知られていて、完全数よりはずっと多く見つかっています。100000以下の友愛数は(220・284)、(1184・

1210)、(2620・2924)、(5020・5564)、(6232・6368)の5組です。ただ友愛数も無数に存在するかどうかはわかっていません。また、これまで見つかっている友愛数は、すべて偶数どうし、あるいは奇数どうしの組合せですが、偶数と奇数の組合せになる友愛数が存在するかどうかも未解決です。

◆巨大数

IT企業グーグル(Google)の社名の由来をご存じでしょうか?

グーグルの社名は、10の100乗(10^{100}=1の後に0が100個並ぶ数)を意味するグーゴル(googol)を、共同創業者のラリー・ペイジが誤って綴ったことに由来すると言われています。

グーゴルは、アメリカの数学者であったエドワード・カスナー(1878〜1955)が、『数学と想像力』という著作の中で初めて紹介した数の単位です。

かねてからカスナーは、子ども達に数学への関心を持ってもらおうと1の後に0が100個続く数の名称を考えていました。そこで「何かいい名称はないか?」

と甥のミルトン・シロッタ（当時9歳）に相談したところ、「グーゴルはどうか」と提案され、これを採用したということです。

カスナーはまた、1の後に0がグーゴル個続く**グーゴルプレックス**という数（$10^{10^{100}}$＝10のグーゴル乗）も考案しました。グーゴルプレックスは、グーグル本社社屋の名称であるグーグルプレックス（Googleplex）の由来にもなっています。

全宇宙にある素粒子の数はおよそ10の80乗（10^{80}）個程度とされていますから、ものを数えるというシーンにおいて「グーゴル」や「グーゴルプレックス」を使うことはまずないでしょう。

しかし、数学にはグーゴルやグーゴルプレックスよりもはるかに大きな数が登場します。それが**グラハム数**です。

グラハム数は、数学の証明で使われたことのある最大の数として１９８０年にギネスブックで認められました。グラハム数はあまりにも巨大な数であるため、10の○乗のような指数で表記することは現実的に不可能です。そのためグラハム数を表すには、「クヌースの矢印表記」と呼ばれる特別な表記法を用います（本書では詳細を省きますが、気になる方は「グラハム数」で検索してみてください）。

グラハム数の大きさを表す際、

「グラハム数を十進法で書き表し、これを印字しようとした場合、全宇宙にある物質のすべてをインクに変えても全く足りない」

と言われることがあります。先ほども書きましたとおり、全宇宙の素粒子の数は10の80乗（10^{80}）個程度ですから、仮に1つの粒子で1つの数字が書けたとしても（もちろん実際には1つの文字を書くためにはもっとたくさんの粒子が必要ですが）、10の80乗（10^{80}）桁の数、すなわち$10^{10^{80}}$程度までしか書けません。これはグーゴルプレックスよりも小さな数ですから、グラハム数を表すには確かに「全く足りない」のです。

いずれにしても、グラハム数は私達の想像をはるかに超えた巨大数だと言えるでしょう。

1時限目のまとめ

◇素数

2、3、5、7、11、13、17、19、23、
29、31、37、41、43、47……

◇平方数

1、4、9、16、25、36、49、64、81、100、
121、144、169、196、225、256、289、324……

◇立方数

1、8、27、64、125、216、343、512、
729、1000……

◇完全数

6、28、496、8128……

◇友愛数

(220・284)、(1184・1210)、(2620・2924)、
(5020・5564)、(6232・6368)……

◇巨大数

1グーゴル=10^{100}
1グーゴルプレックス=$10^{10^{100}}$
グラハム数

2時限目 社会

◆これだけは覚えたい4つの数字

インターネット・テレビ・新聞・雑誌を賑わすニュースにはさまざまな数字が登場します。そうしたニュースを理解したり、**あるいは日本社会全体を俯瞰しようとするとき、核となる数字は何だろうか?**と改めて考えてみました。結果、私が選んだ数字は次の4つです。

- **GDP**
- **労働分配率**
- **国家予算（一般会計と特別会計）**

●出生率・出生数・死亡数

ここでは重要な数字を紹介するだけでなく、それぞれの意味するところもできるだけ丁寧にお伝えしていきます。

◆GDP

経済を表す数字として、イの一番に押さえておきたいのはやはりGDP（Gross Domestic Product：国内総生産）でしょう。**GDP（国内総生産）とは、一定期間内に国内市場で新たに生み出された付加価値の総額という意味です。**ただ「付加価値」というのがちょっとわかりづらいので、少し解説を加えます。

企業や個人がモノやサービスを売るということは、あるものに手を加えたり、利便性を高めたり、新しい使い方や考え方等を提案したりして、もともとあったものの価値を高め対価を得ることを意味します。このときに生じる差額が「付加価値」です。

たとえば私が1人雇って、山の麓《ふもと》のコンビニで1本120円のジュースを10

0本買い、それをクーラーボックスに入れて冷えた状態で山頂に運び、200円で売るという商売をしたとしましょう。私はこの活動を通じて「キンキンに冷えたジュースが山頂で飲める」という価値を生み出した（付け加えた）ことになります。では私の生み出した付加価値は金額にするといくらになるのでしょうか？計算してみます。

簡単にするために100本すべてを売り切ったことにしましょう。売上は、

200円×100本＝2万円

ですね。仕入れには、

120円×100本＝1万2000円

かかっていますから、差額の8000円がこの場合の「付加価値」です。ただし、この付加価値の8000円すべてが私の手元に残るわけではありません。なぜなら私は1人雇っているので、この中から人件費を支払う必要があるからです（残りは微々たるものになりそうです……）。

一般に付加価値とは、モノやサービスを商品として売る際に得た売上から、自分が生み出したわけではない価値（原材料費や燃料費など）を引いたものを指し

ます。生産の過程でこの「自分が生み出したわけではない価値」に対して対価を支払うことを**中間投入**と言います。右の例では、コンビニでジュースを買うことが中間投入です。要は、

付加価値＝売上－中間投入額

です。

人を雇っている場合は、生産活動によって得た「付加価値」の中から人件費を支払います。また得られた「付加価値」の一部は税金やテナント等の賃貸料などにも使われます。付加価値のすべてが純利益（最終的に残る利益）になるわけではありません。

GDPに計上されるのは、次の付加価値に限ります。

・国内で生み出されたもの

付加価値とは

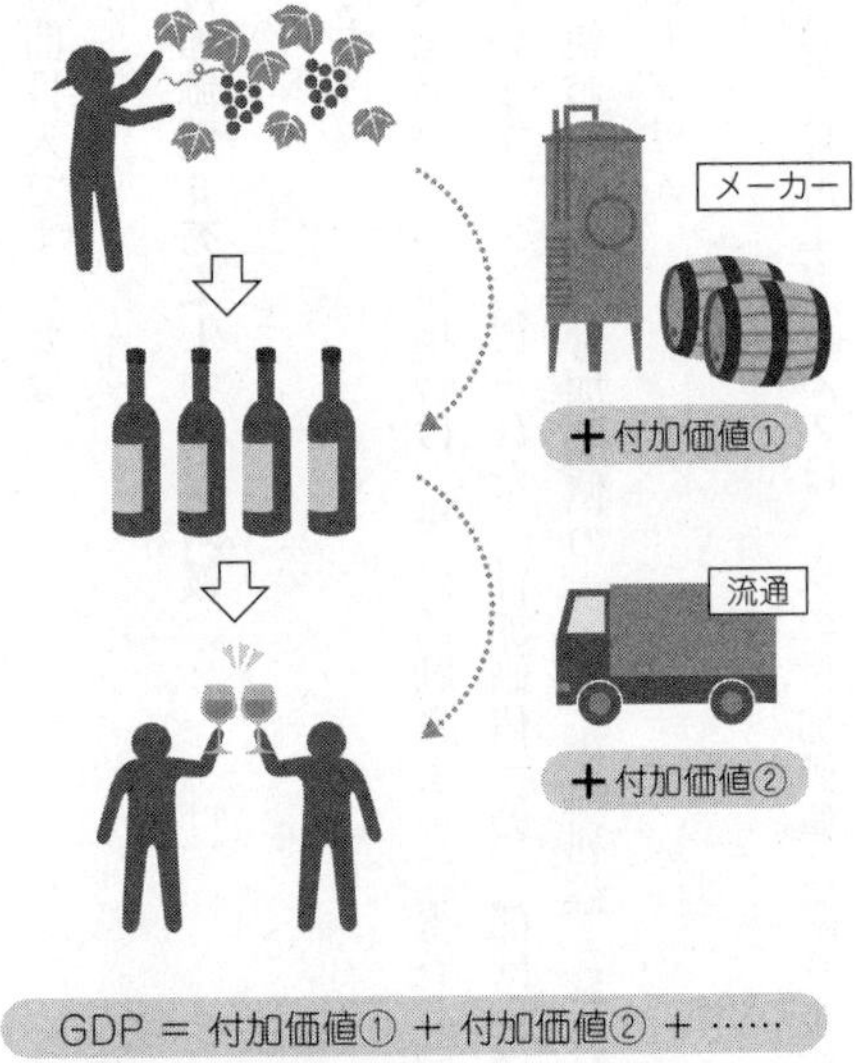
メーカー
＋付加価値①
流通
＋付加価値②
GDP ＝ 付加価値① ＋ 付加価値② ＋ ……

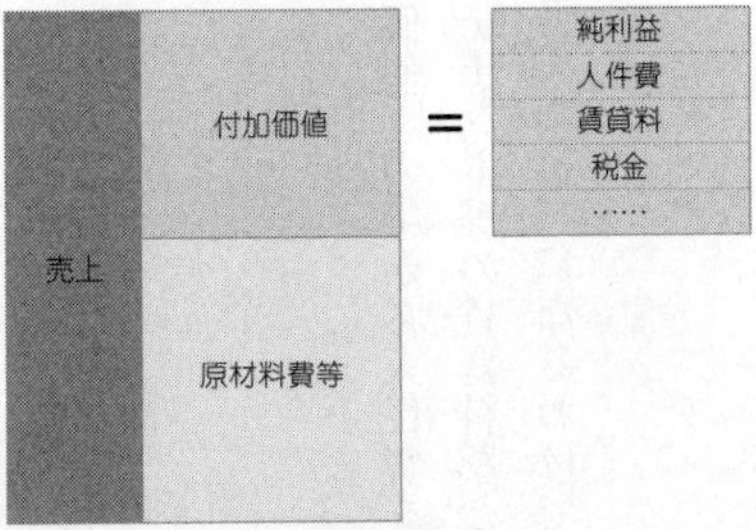
売上
付加価値
原材料費等
＝
純利益
人件費
賃貸料
税金
……

- **新たに生み出されたもの**
- **市場における取引で生まれたもの**

よって、次のものは原則としてＧＤＰには含みません。

- 企業が海外支店等で生み出した付加価値（国内ではないため）
- 中古品の売買額（新たに生み出されたものではないため。ただし、取引にかかる仲介手数料は計上する）
- 家事労働やボランティア活動（市場で取引されないため）

また違法な経済活動もＧＤＰには計上されないのが一般的ですが、オランダでは売春は合法であり麻薬も一部は合法であるため、これらがＧＤＰに計上されています。ＥＵは加盟各国の負担金をＧＤＰの規模に応じて決めていることから、不公平にならないように２０１４年に各国のＧＤＰの計算方法を統一しました。その際、オランダに合わせて売春や麻薬の一部もＧＤＰに算入することになってしまったため、これらを違法とするイギリスやイタリア等では大変な物議を醸しました。

ちなみに2014年に発表されたデータによると、売春や麻薬取引の経済規模はオランダのGDPの約0・4%（年間約25億ユーロ）であり、「パンの全消費量をやや下回る水準、あるいはチーズの全消費量をやや上回る水準」だそうです。

GDPには**名目GDP**（Nominal GDP）と**実質GDP**（Real GDP）とがあります。

名目GDPは、取引によって生まれた実際の付加価値の金額を単純に積み上げたものです。一方、名目GDPから物価変動の影響を差し引いたものを実質GDPと言います。

単純に付加価値の合計を知りたい場合には名目GDPを、物価変動の影響を取り除いた状況を確認したい場合には実質GDPを用います。

仮にあるメーカーが1個500円で仕入れた原材料から1000円の商品を作り出し、年間でこれを合計1万個売ったとします。商品1個についての付加価値は500円なので、メーカーがこの年に生み出した付加価値は合計500万円です。

次の年は物価が上昇し原材料費が550円になったので、同じ商品を1100円で売りました。それでも品質が評判となり、値上げをしたにもかかわらず前年よりも1000個多く売れて全部で1万1000個売れたとしましょう。

1個についての付加価値は550円なので、売った個数（1万1000個）を掛けて2年目にこのメーカーが生み出した付加価値は合計605万円です。

1年目を基準にすると、このメーカーが生み出した付加価値としてGDPに計上されるのは名目GDPにおいても実質GDPにおいても500万円で変わりません。

では2年目についてはどうでしょうか？　名目GDPにおいては実際の金額どおり605万円が計上されますが、実質GDPは物価上昇による価格変動分を差し引きするので、1年目と同じく商品1個についての付加価値は500円として計算します。売上個数は1万1000個だったので、2年目の実質GDPにおけるこのメーカーの付加価値は550万円（500円×1万1000個）になります。**名目GDPは金額ベースの評価であり、実質GDPは数量ベースの評価なの**

です。

名目GDPよりも実質GDPの方が小さいということは基準年（基準年は、「国勢統計」「住宅・土地統計」などの結果を踏まえて約5年毎に見直されます）**に比べて物価が上昇していることを意味するのでインフレーションの状態です。**

逆に名目GDPよりも実質GDPの方が大きいときは、基準年よりも物価が下落していることを意味しますからデフレーションであるとみなすことができます。

このように名目GDPと実質GDPの大小によってインフレかデフレかを判断する指標を**GDPデフレーター**と言います。GDPデフレーターの計算式は、

GDPデフレーター＝名目GDP÷実質GDP×100

です。**GDPデフレーターが100より大きければインフレ、100より小さければデフレ**ということになります。

ただし、GDPデフレーターはあくまで「国内」の物価水準を表す指標である

日本の年次GDP推移

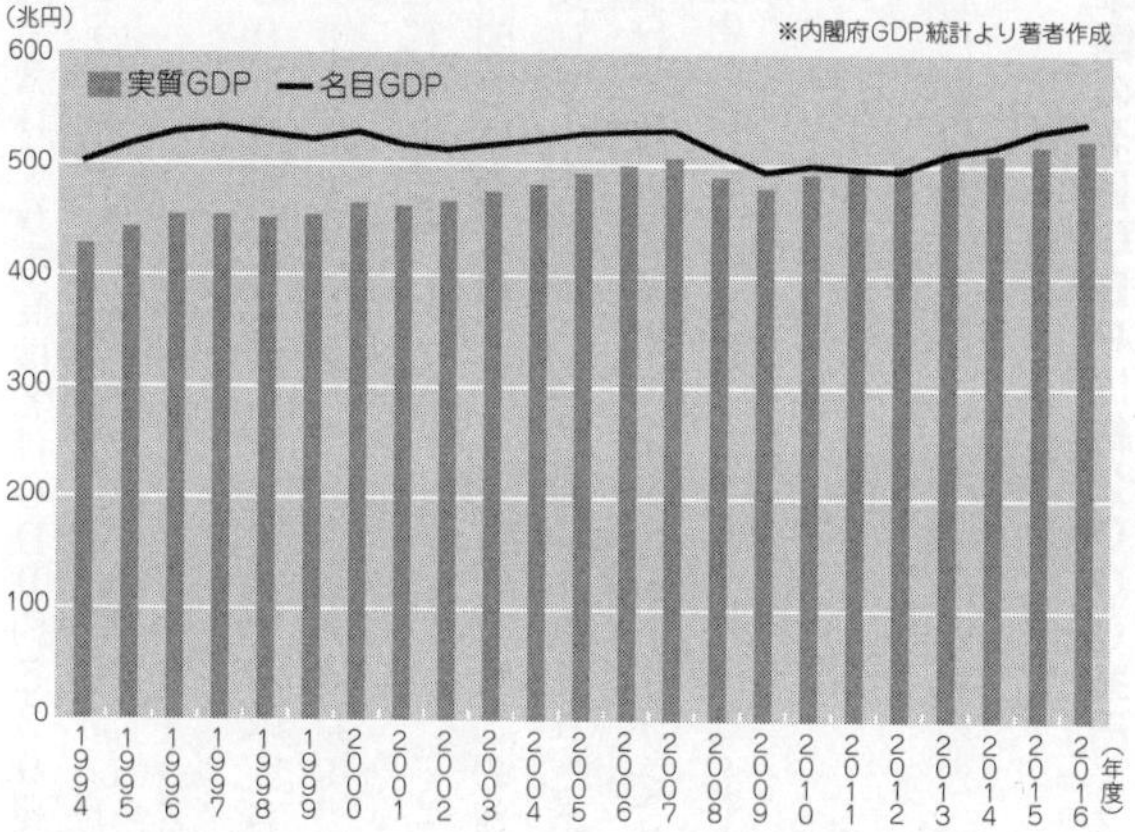

という点には注意が必要です。たとえば原油価格の上昇によってガソリン価格が上昇した場合、いわゆる消費者物価指数（モノやサービスが消費者の手に渡るときの値段の水準を示す指数）は上昇しているにもかかわらず、GDPデフレーターは下落するという現象が起こり得ます。

経済を捉える基本の数字として、**日本の年間GDP**は頭に入れておきたいところです。もちろん毎年変動するので正確な値はその都度チェックするしかありませんが、内閣府の発表を見ると、ここ数年は**約500**

兆円（２０１６年度は名目ＧＤＰ約５３９兆円、実質ＧＤＰが約５２４兆円）で推移しています。この数字は覚えておきましょう。

２０１６年にＧＤＰの計算基準が改定され、研究開発費が新たに付加価値に加えられるようになりました。これにより、ＧＤＰの額は20兆円程度底上げされることになります。

内閣府は過去のデータについてもこの新しい基準によって計算し直したものを発表していますが、改定前に発表されたネット記事や書籍等に載っているＧＤＰの値は、以前の基準で計算されたものですのでご注意ください（前頁のグラフや本文中のＧＤＰの値は２０１６年に改定された基準に従って算出したものを使用しています）。

名目ＧＤＰの世界ランキングを見ると、日本は米国、中国に次いで第3位です。

米国の名目ＧＤＰは約２０００兆円（２０１６年：18兆６２４４億米ドル）

中国の名目GDPは約1300兆円（同：11兆2321億米ドル）

読者の中には「日本は世界第2位の経済大国である」と学校で習った記憶がある方もいらっしゃると思います。確かに1968年以来42年間にわたって世界第2位のGDPを誇っていました。しかし、2010年に成長著しい中国に抜かれてからは3位に甘んじています。

次に年間の輸出総額、輸入総額をGDPとの対比で見てみましょう。2007年から2016年の推移は84頁のグラフをご覧ください。2009年にはリーマンショックの影響で貿易額が落ち込んでいますが、この2007年から2016年の平均を取ると、おおよそ次のとおりです（カッコ内は正確な平均値）。

輸出総額：GDPの1割強で約70兆円（70兆4331億円）

輸入総額：GDPの1割強で約70兆円（71兆4754億円）

これらの数字も覚えておくと経済ニュースがとてもわかりやすくなります。ま

日本の輸出入総額の推移

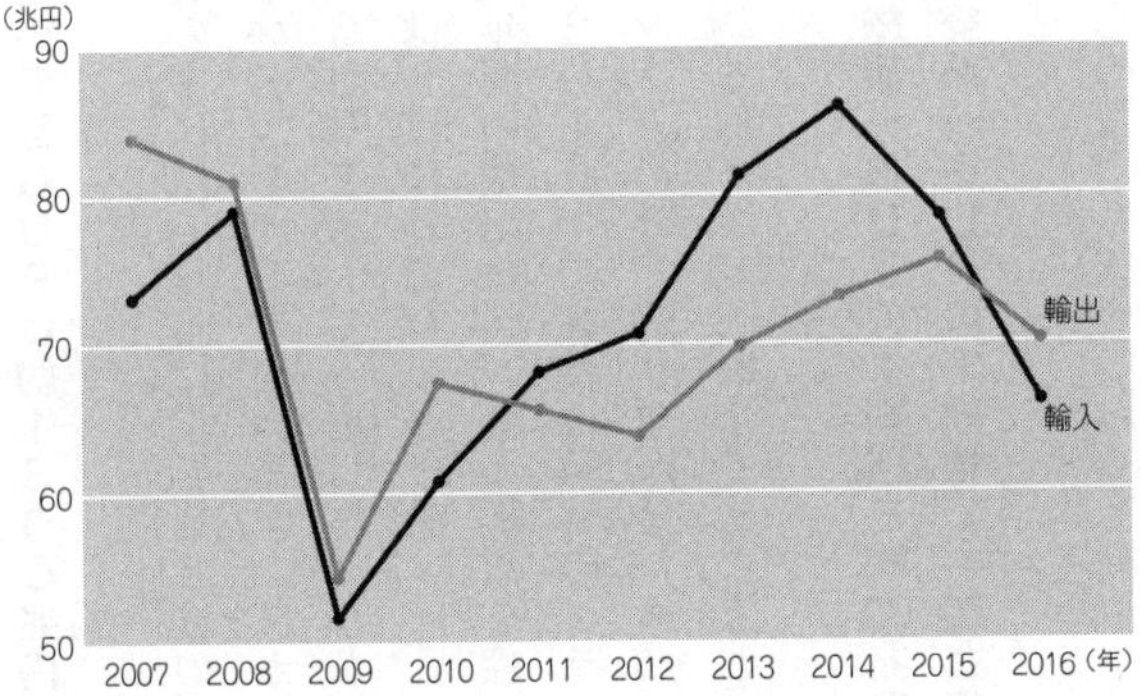

た、その際は金額そのものを覚えるより、**GDPの1割（強）程度**と、GDPに対する割合で頭に入れておくことをお勧めします。

輸入総額、輸出総額のそれぞれを「1割強」と覚えているだけでは、500兆円の1割＝50兆円よりはやや多め、という程度にしかわからないじゃないか、というご指摘があるかもしれません。でも、こうしたおおよその金額の規模が頭に入っているのといないのとでは、経済の話題に関しての実感や親しみやすさがまるで違います。

第3部でも詳しくお話ししますが、**数に強い人は暗算が恐ろしく得意、という よりもむしろ、概算（おおよその数を見積もること）が得意な人です。**

これに関しては、20世紀の最も重要な経済学者であり、マクロ経済学を確立したことでも知られるイギリスの**ジョン・メイナード・ケインズ**がこんなことを言っています。

私は正確に間違うよりも、むしろ漠然と正しくありたい（I'd rather be vaguely right than precisely wrong.）

無論、正確な数字が必要な場面もあります。そういうケースでは官庁等が発表している統計データを吟味して、細かい数字を弾き出さなければいけません。ときにはその数字を算出した統計手法にまで目を光らせる必要があります。

しかし、こうした作業は骨が折れますから当然時間もかかります。しかも統計という確率的要素を含むプロセスを経ている以上、そうやって導き出した数字が「絶対に正しい数字である」と断言することは容易ではありません。健闘むなしく結果として間違ってしまうこともあります。これが「正確に間違う」ということです。

一方、だいたいの数字の規模がわかれば必要な判断を下すことができるシーン、話の内容が理解できるシーンはたくさんあります。しかもそうしたおおよその数字を持ち出すのはたいてい瞬時にできます。その上おおよその値は（概算をする力さえあれば）間違うことがほとんどありません。たとえば日本の年間輸出総額について「50兆円よりやや多いくらい」と言うのは決して間違ってはいないからです。これが「漠然と正しい」ということでしょう。

大事なのは「どこまでの精度が必要なのか」を見極めることですが、経済の専門家でもない限り、かなり大胆に概算してもいいケースが多いように思います。

◆労働分配率

GDPの金額はマクロ経済（社会全体を俯瞰する経済）における最重要数字の1つではありますが、値が大きすぎて実感が得づらいかもしれません。でも、これから紹介する労働分配率を知れば、GDPと実生活の関わりが見えてきます。

労働分配率は付加価値における人件費の割合を表す指標です。計算式は次のとおり。

労働分配率＝雇用者報酬÷名目GDP

ここで言う雇用者報酬とは、公務員や企業に勤める従業員・役員がその働き（生産活動）によって得た報酬の総額を指します。

この式を変形すれば、

雇用者報酬＝名目GDP×労働分配率

とも書けます（雇用者とは、個人事業主と無給の家族従業者は除き、生産活動に従事する就業者のすべてを指します。法人企業の役員や特別職の公務員である議員なども「雇用者」です）。

次頁のグラフからもわかるとおり、

労働分配率：約50％

です。

日本の名目GDPが約500兆円であることが頭に入っていれば、雇用者報酬が約250兆円であることはすぐに計算できるでしょう。

さらに日本の雇用者数は、

雇用者数：約6000万人

であること（総務省の労働力調査によると、2017年10月は5877万人）を知っていれば、1人あたりの年間給与の平均が400万円強であることも計算できます（国税庁の民間給与実態統計調査によると、1年を通じて勤務した給与所得者の1人あたりの平均給与は422万円〈2016年〉）。これでGDPを実生活に結びつけることができました。

ちなみにこの「400万円強」という数字を暗算したいとき、真面目に、

名目GDP・雇用者報酬・労働分配率

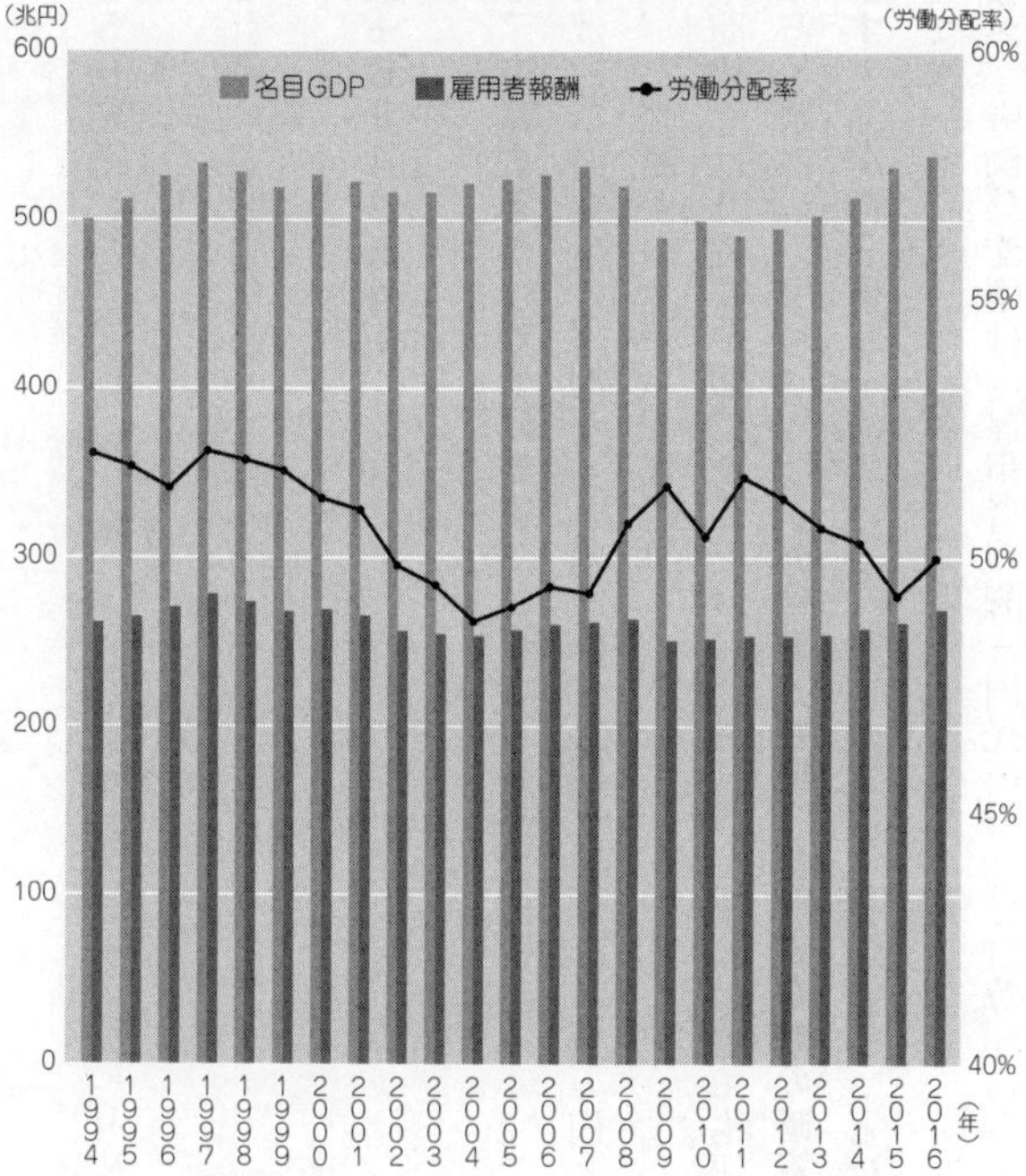

労働分配率 ＝ 雇用者報酬 / 名目GDP

※内閣府四半期別GDP速報より作成

250兆円（25の後に0が13個）÷6000万人（6の後に0が7個）

を計算する必要はありません。

25÷6＝4あまり1

と、暗算するだけで十分です。なぜなら一番上の桁が「4」であることさえわかれば、年間給与の平均が4万円とか40万円とか4000万円とかであるはずはない、と判断がつくからです。

年間給与は身近な金額であるだけに、社会人であれば誰でも平均は数百万円だろうと予測がつくでしょう。**その常識（知識）が大きな数の暗算を簡単にしてくれます。**私が再三申し上げている「数字の知識を持つ強み」とはまさにこういうことです。

なお、労働分配率は「雇用者報酬÷国民所得」で計算するケースもあるので注意してください。

名目ＧＤＰに海外からの所得と国からの補助金を加え、そこから間接税と固定資本の消耗分である減価償却費（たとえば企業が社用車を所有している場合、使っているうちに車の価値は下がっていきます。こうした経年劣化等による資産価値の目減り分が減価償却費）を引いたものが**国民所得**（ＮＩ＝National Income）です。式で表すと、

国民所得＝名目ＧＤＰ＋海外からの所得＋補助金－間接税－減価償却費

で計算される金額です。

ちなみに２０１５年度の日本の国民所得は約３９０兆円でした。国民１人あたりに換算すると、約３０７万円になります。

一般にＧＤＰより国民所得の方が小さくなります。分母がより小さくなるので、**ＧＤＰを使った労働分配率より国民所得を使った労働分配率の方が大きくなります**（国民所得を使った労働分配率：２０１５年は67・８％）。

産業別労働分配率

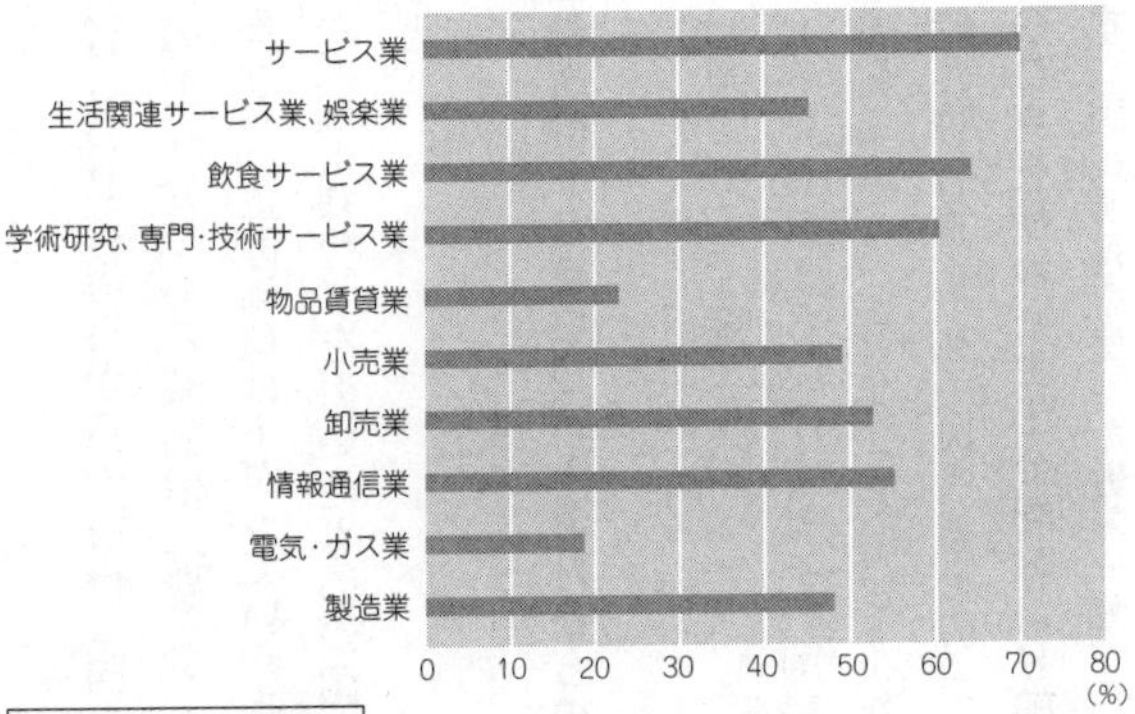

$$\text{労働分配率} = \frac{\text{人件費}}{\text{付加価値}}$$

※経済産業省企業活動基本調査確報（2015年実績）より作成

ニュースやインターネットで労働分配率を目にする機会は多いと思いますが、どちらの定義で計算されたものかを確認するようにしてください。

労働分配率は高ければいいというものではありません。労働分配率が高いということは利益が少ない可能性が高いからです。かと言って、低すぎると今度は企業が利益を溜め込みすぎている（適正な給与が支払われていない）ことになり、問題です。

経済産業省の企業活動基本調査確

報を見れば、産業別に１企業あたりの労働分配率を調べることができます。前頁のグラフはそこから抜粋して作成したものです。この場合は、

労働分配率＝人件費÷付加価値

で計算します（同じ「労働分配率」でもいろいろな定義式があります）。産業によって随分と数字が違うのがわかりますね。

労働分配率は60％程度が適正であるとよく言われますが、一概に言えるものではありません。サービス業のように、人件費＝将来への投資と考えられる産業は、労働分配率が高くなります。

一方、電気・ガス業のようなインフラ系や機械化の進んだ製造業など資本集約型（設備集約型）の産業は、将来の投資を見込んで利益を内部留保しておくべきなので労働分配率は低くなる傾向にあります。

また、大企業は最新の設備投資に加え、株主への配当にも備える必要があるた

め、労働分配率は低くなります。一方、中小企業は労働力頼りなので労働分配率は高くなりがちです。高い労働分配率からは、中小企業が少ない利益の中から可能な限りの賃金を支払っているという現実が見えてきます。

さらに、同規模・同業種であってもビジネスモデルが違えば、労働分配率が大きく違うケースもあり得ます。

労働分配率は企業の生産性を分析する上で非常に重要な数字ではありますが、単純比較できるものではないということは頭に入れておいてください。

◆国家予算（一般会計と特別会計）

経済を理解するにあたり、GDPの次に押さえておきたい基本の数字は、やはり国家予算でしょう。国家予算は**一般会計**と**特別会計**に大別されます。

一般会計とは、教育や福祉など通常の**行政事業における歳入・歳出をまとめた会計**のことです。一般会計の予算は国会で厳しく審議され、いわゆる主要3税（所得税、法人税、消費税）や公債（借入金）などが財源です。

これに対して**特別会計**とは、**震災復興や特許などの特定の事業についての歳

入・歳出をまとめた会計を指します。特別会計における歳入は、目的の決まった事業や資金運用に使う特定の税金や保険料（ガソリン税や健康保険料など）です。特別会計は、各省庁が所管するため、外部のチェックが行き届きにくく無駄遣いの温床になりやすいという点が問題視されています。

家庭にたとえると、一般会計はお母さんが管理している一家の家計簿です。お父さんやお母さんが外で稼いでくる給料と、食費や水道光熱費などの家族の生活費は、このお母さんの家計簿（一般会計）で管理します。決まった給料に対して、食事や洋服、旅行等にどれくらいの金額を使うかは、家族会議等で話し合うこともあるでしょう。

一方、特別会計は子ども達がそれぞれ個別に管理している小遣い帳のようなものと言えます。ただし、子どもと言っても、ここで言う「子ども」は高校生・大学生以上をイメージしてください。それぞれがアルバイトをしていたり、ブロガーやユーチューバーとしての収入があったりします。そして子ども達が収入をどのように使うかについて、家族で話し合うことはしません。個人の裁量に任されています。

日本の場合、家計簿にあたる一般会計は非常に逼迫《ひっぱく》していて、その半分近くを借金（＝公債〈税収の不足を補うために国が発行する債券が国債で、地方公共団体が発行する債券が地方債。公債とは、これらを合わせたもので「国債＋地方債＝公債」です〉）で賄《まかな》っている状態ですが、子ども達はそれぞれ羽振りがよく、特別会計では毎年剰余金が出ています（2016年度の特別会計の剰余金は約11兆7000億円でした）。

このような状態のことを2003年当時に財務大臣だった塩川正十郎《まさじゅうろう》氏は「母屋《おもや》（一般会計）はおかゆなのに、離れ座敷（特別会計）ではすき焼きを食べている」と表現しました。

国家予算に関連して頭に入れておくべき数字を紹介しましょう。

まず、日本の**一般会計の歳出予算は約100兆円**です（2017年度予算：約97兆5000億円）。GDPに続いて覚えやすいと思います。

これに対して、**特別会計の歳出予算は約400兆円**（同：約393兆4000億円）です。40兆円の誤植ではありません。400兆円です。この数字を今知った方はきっと驚かれたことでしょう。

国会で時間をかけて審議される一般会計の実に4倍の金額が計上されているわけですから、特別会計が「無駄遣いの温床」と揶揄《やゆ》されるのも仕方ないのかもしれません。ただし、いろいろと批判の多い特別会計の数は近年減少傾向にあり、ピーク時の60個から2016年度は14個にまで減っています。

一般会計と特別会計を合わせると総額はちょうどGDP程度（約500兆円）になります。ただし、複数の会計でダブルカウントされているものも少なくないので、それらを除いた**一般会計と特別会計の純計額は総額の半分程度で、約250兆円**（2016年度予算：歳入純計は約246兆4000億円、歳出純計は約244兆6000億円）**です。**

純計額の内訳に目を向けてみましょう。

《歳入》

租税及び印紙収入：2割強（2016年：61・3兆円）

保険料及び再保険料収入：2割弱（同：42・0兆円）
公債金及び借入金：約4割（同：97・6兆円）

歳入では税金と保険料の合計が国の借金とほぼ同額で、合わせると**全体の8割**程度になります。

《歳出》
社会保障関連費：3割強（同：86・4兆円）
地方交付税交付金等：1割弱（同：18・3兆円）
国債費：約4割（同：92・0兆円）

歳出では、年金・医療・介護などの社会保障関連費と地方交付税交付金等の合計が国債費（借金の返済費用）とほぼ同額で、合わせるとこちらも全体の8割程度を占めます。

一般会計と特別会計の純計における内訳

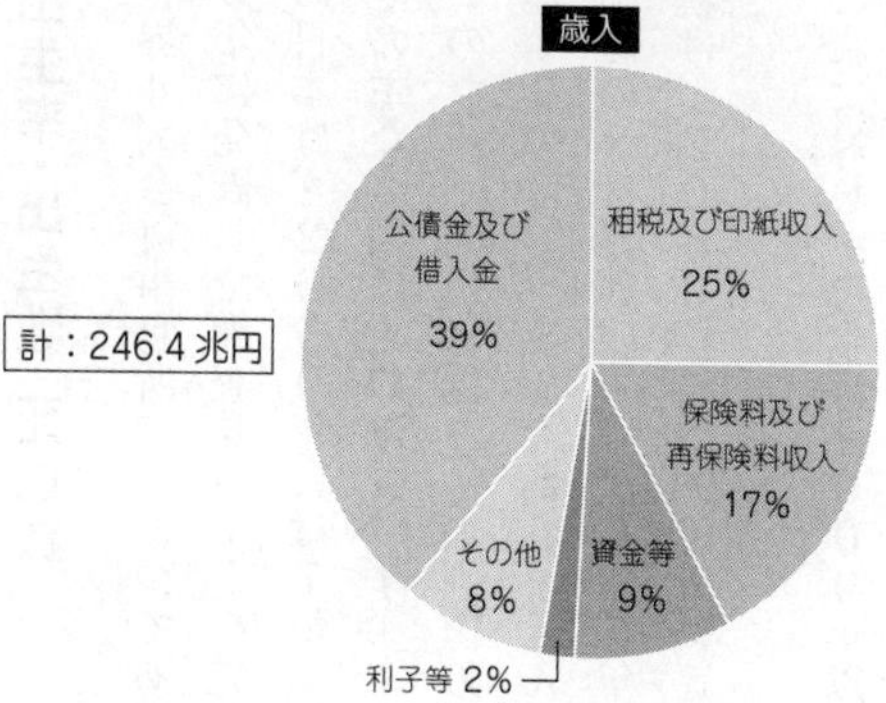

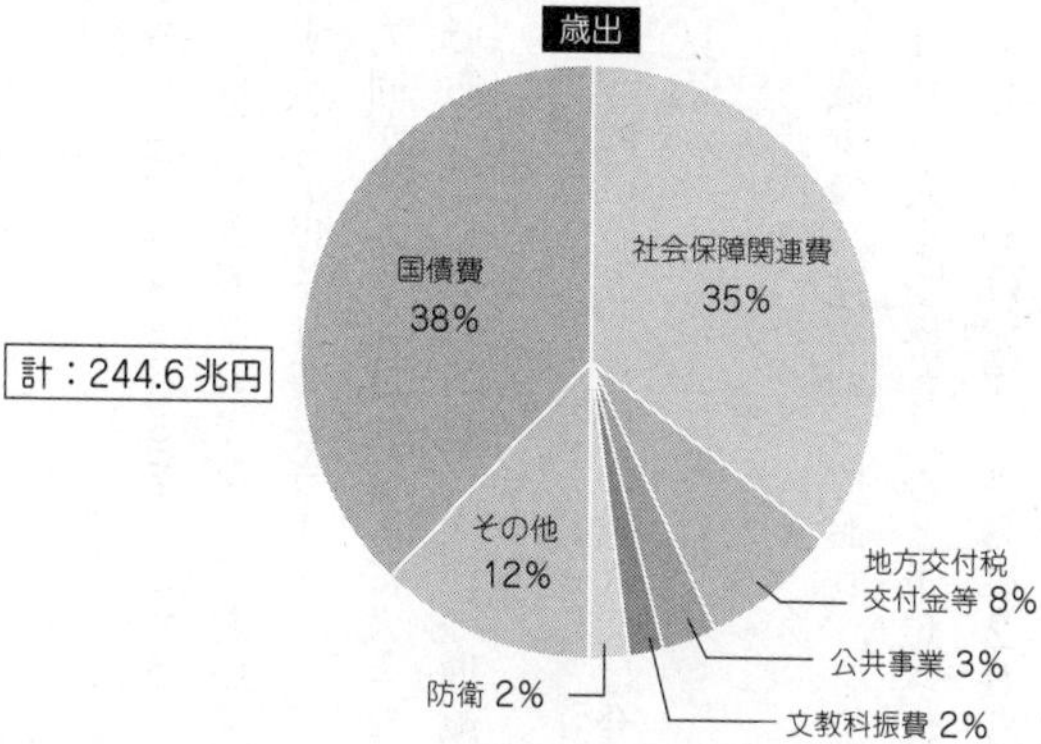

※財務省「国の財政規模の見方」（平成 28 年度版）より作成

◆出生率・出生数・死亡数

世界4大会計事務所のひとつであるＰｗＣ（Price waterhouse Coopers）が２０１５年に発表した調査レポートを見ると、ＧＤＰ世界ランキングにおいて現在３位の日本は、２０５０年には7位に後退すると予想されています。

その主な原因は**人口減少**です。１人の人間が生み出す付加価値に大きな変化がないのなら、国民全体の付加価値の総和であるＧＤＰの増減と人口の増減が直接関連するのは言うまでもありません。

国連の「世界人口予測２０１７年改訂版」によると、世界の総人口は今後も増え続け、２０５０年には98億人に達する見込みです（現在は約79億人）。

これに対し、日本は２００９年以降人口減少の一途を辿《たど》っており、２０５０年には現在の約1億３０００万人から９７００万人まで落ち込むと予想されています（国土交通省試算）。今より25％も減ってしまうわけです。さらに２０６５年には８８００万人になるという計算もあります。ジェットコースターにたとえて、現在はてっぺんから先頭車両が下を向き始めたところだと表現する人もいます。

人口の増減に直接関わる数字には3つあります。それは出生率と出生数と死亡数です。

出生率には2種類あります。ひとつは一定の人口（通常1000人）に対するその年の出生数の割合を表す「普通出生率」で、もうひとつは1人の女性が一生のうちで産む子どもの平均人数を表す「合計特殊出生率」です。日本では単に「出生率」と言うと「合計特殊出生率」を指すことが多いのです（世界的には「普通出生率」を指すことの方が多い）。

日本の合計特殊出生率の過去最高値は1947年の4・54でした。これは当時戦地からの復員が相次いだためで、この頃に生まれた人達を「団塊の世代」と言います。女性の社会進出が進み、1975年に2・0を下回ってからは低下傾向が続き、2005年には1・26まで落ち込みましたが、現在は1・4程度まで回復しています（103頁のグラフ参照）。

日本の合計特殊出生率：約１・４（２０１６年：１・４４）

なお、**人口を維持するために必要な（合計特殊）出生率は２・０７です**（この数字も覚えておいていいかもしれません）。

次頁のグラフからもわかるように、２０１６年の出生数と死亡数は次のとおりです。

出生数：約１００万人（正確には97万6978人）
死亡数：約１３０万人（正確には１３０万７７４８人）

人口の変動には出生数と死亡数の差による「自然増減」と、外国人と日本人の移動の差（流入数と流出数の差）による「社会増減」の2つの側面があります。

２００５年には初めて死亡数が出生数を上回り、自然減の状態になりました。２００６年はわずかに出生数が上回ったものの、２００７年以降は自然減が続い

出生率及び出生数と死亡数

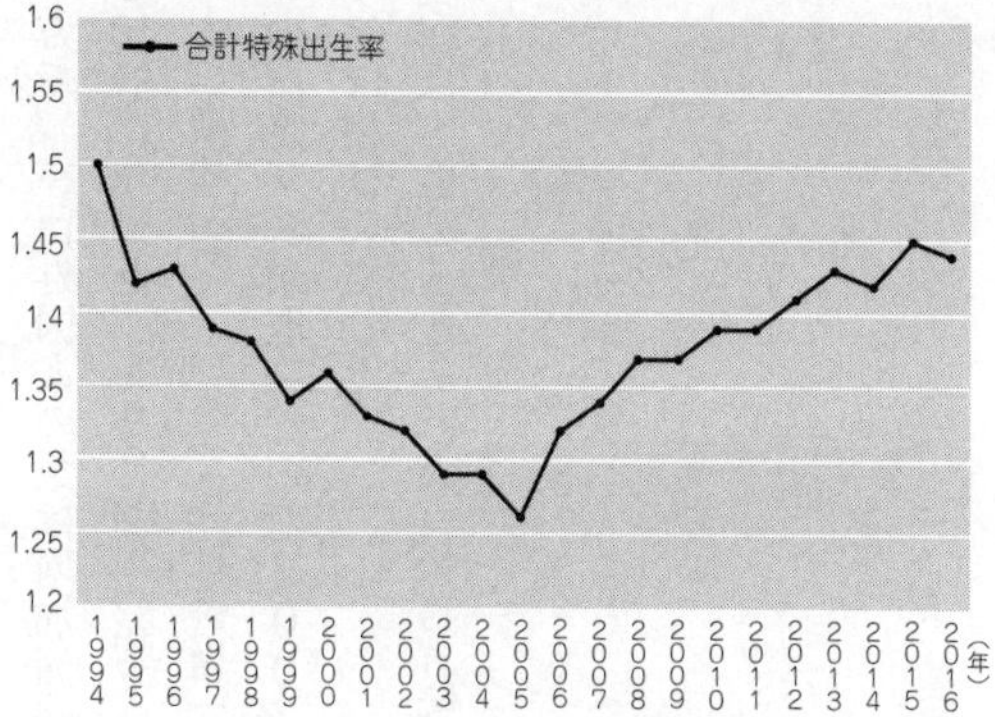
合計特殊出生率
1.6
1.55
1.5
1.45
1.4
1.35
1.3
1.25
1.2
1994 1995 1996 1997 1998 1999 2000 2001 2002 2003 2004 2005 2006 2007 2008 2009 2010 2011 2012 2013 2014 2015 2016
(年)

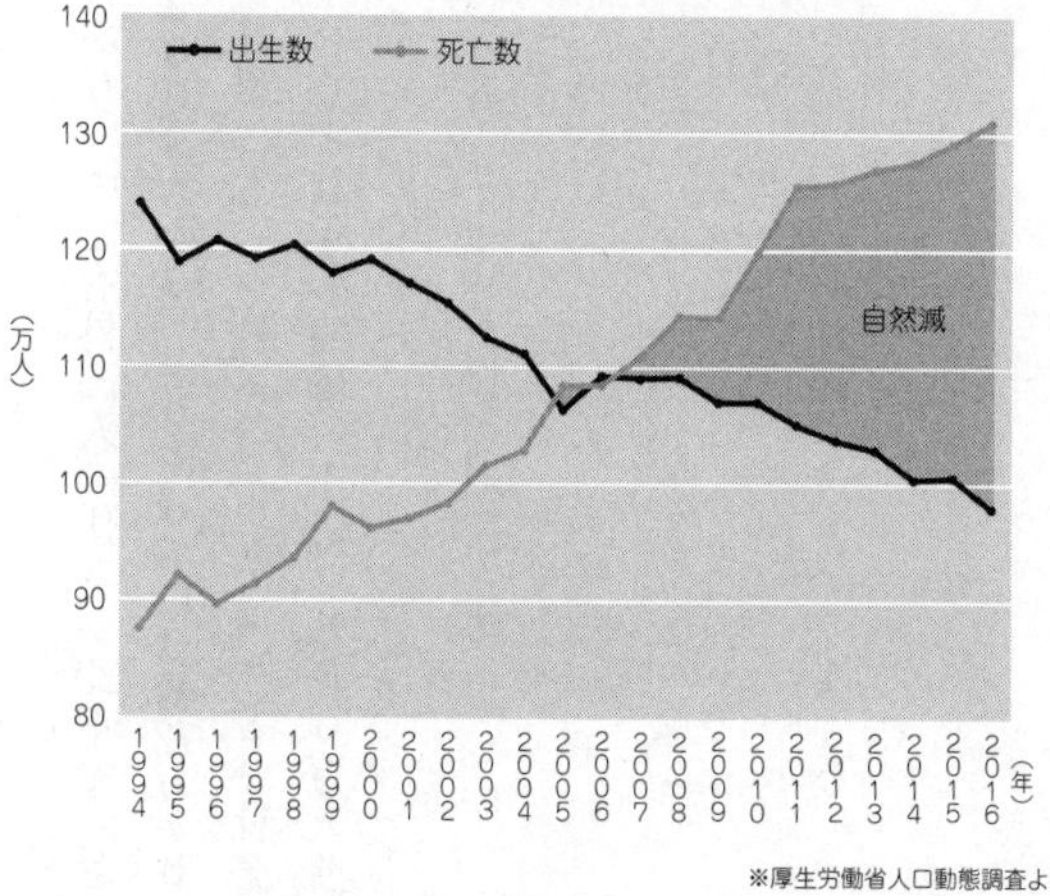
出生数
死亡数
自然減
(万人)
140
130
120
110
100
90
80
1994 1995 1996 1997 1998 1999 2000 2001 2002 2003 2004 2005 2006 2007 2008 2009 2010 2011 2012 2013 2014 2015 2016
(年)

※厚生労働省人口動態調査より作成

ています。

一方で、在留外国人の数は増加傾向にあり、中でも外国人永住者が20年でおよそ10倍になった（1996年の約7万2000人から、2016年には約72万7000人に増加した）影響で「社会増」の状態にあったため、「自然減」と「社会増」のバランスが取れていた2007〜2010年の間は、1億2800万人前後でほぼ横ばいでした。

現在は1億2547万人（総務省統計局2021年12月概算値）です。

2時限目のまとめ

◇日本の年間GDP(国内総生産):約500兆円

◇輸出総額:約70兆円(GDPの1割強)
◇輸入総額:約70兆円(GDPの1割強)

◇労働分配率:約50%
◇雇用者数　:約6000万人

◇一般会計の歳出予算:約100兆円
◇特別会計の歳出予算:約400兆円
純計額　　　　　　　:約250兆円

◇合計特殊出生率:約1.4
出生数:約100万人
死亡数:約130万人

3時限目 自然科学

◆地球を表す3つの単位

言うまでもありませんが、宇宙にはさまざまな数字が潜んでいます。地球ひとつをとってみても半径、体積、質量、自転周期、大気圧などなど、地球を表すための数字はたくさんあります。ただし、これらの数字はどれも人間の定めた単位を基準にしていますから、単位が違えば当然数字もまるで違うものになります。

そこで教養篇のこの節では自然科学に登場するさまざまな数字に親しみを持っていただくために、

・長さの単位

・**質量の単位**

・**時間の単位**

について、その成り立ちを中心にお話ししたいと思います。また、アインシュタインの相対性理論の根幹であり、物理学上最も重要な「定数」と言っても過言ではない、

・**光の速度**

についても紹介します。

◆長さの単位

私は小学校３年生〜４年生のときに、「この世で最も速いもの」は光であることを知りました。**光は１秒間に地球を７周半できる**のだと聞いて驚いたのをよく覚えています。

では、地球の1周は何kmかご存じでしょうか? 地球はもちろん丸いのですが、完全な球形ではありません。ちょうどみかんのような形をしています。赤道の長さは4万75kmで、子午線=北極点と南極点を通る大円(方角を十二支で表すと子〈ネズミ〉は北の方角、午〈ウマ〉は南の方角を指すことから、この名前がつきました)の長さは4万9kmです。いずれにしても端数を無視すれば、

地球の1周:約4万km

と言えます。実は地球1周の長さが4万kmと切りの良い数字になっているのは偶然ではありません。これについては後で詳しくお話しします。

地球1周の距離を人類で初めて計算したのは、紀元前3世紀頃の古代ギリシャで活躍したエラトステネスでした。当時のギリシャでは**スタディオン**という長さの単位が使われていました。

1スタディオンは、地平線に太陽が昇り始めたときに人が歩き出し、太陽が完全に地平線の上に現れるまでに進んだ距離を指します。1スタディオンをメート

ルに換算すると約180mです。

エラトステネスは図書館で調べものをしているときに、エジプトのナイル川上流にあるシエネという町では、夏至の日に太陽の光が井戸の底まで届く（太陽が真上に来る＝南中高度が90度になる）ことを知りました。

同じ夏至の日、エラトステネスがいたアレクサンドリアでは太陽は真上方向より7・2度傾いた方向に見えます。

シエネからアレクサンドリアまでの距離を5000スタディア（スタディオンの複数形）と見積もったエラトステネスは、これらから地球1周の長さは25万スタディアであると結論付けました。25万スタディアは約4万5000㎞ですから、今から2300年前の計算としては驚くべき精度だと言えるでしょう。

余談ですが、競技場のことを「スタジアム」というのは、古代オリンピックの競技の中心は長さ1スタディオン（約180m）のトラック競走だったからだと言われています。

そもそも人類が「単位」を使うようになったのは、集団生活を営む上で法律

（ルール）が必要になった頃と同時期だと言われています。収穫物を分配したり、物々交換をしたりする際に喧嘩にならないよう長さや大きさや重さなどを測る単位が生まれたのは想像に難《かた》くありません。平等に分けるために共通の基準が作られるのは当たり前です。

長さの単位を作る際に最初に参考にされたのは、やはり一番身近な人体です。中でも、時の権力者の肘から中指の指先までの長さを基準にした**「キュービット」**は、西洋を中心に広く使われていました。権力者の体を基準にするので1キュービットの長さは時代や場所によって変わってしまいますが、概《おおむ》ね**1キュービットは50cm前後**（公式のもので現存する最古のものは、紀元前2170年頃のシュメール王グデアの坐像の腕の長さから測定される49・6cm）です。

キュービットはギリシャ・ローマ時代を経てヨーロッパに広まり、約50cmの長さとして19世紀頃まで使われていました。

キュービットの2倍であるダブルキュービット（約1m）は、今も英語圏で使われているヤード・ポンド法における1ヤード（0・9144m）の基準になったという説もあります（ヤードの起源は、ヘンリー1世の鼻先から伸ばした腕の親指

1キュービットの長さ

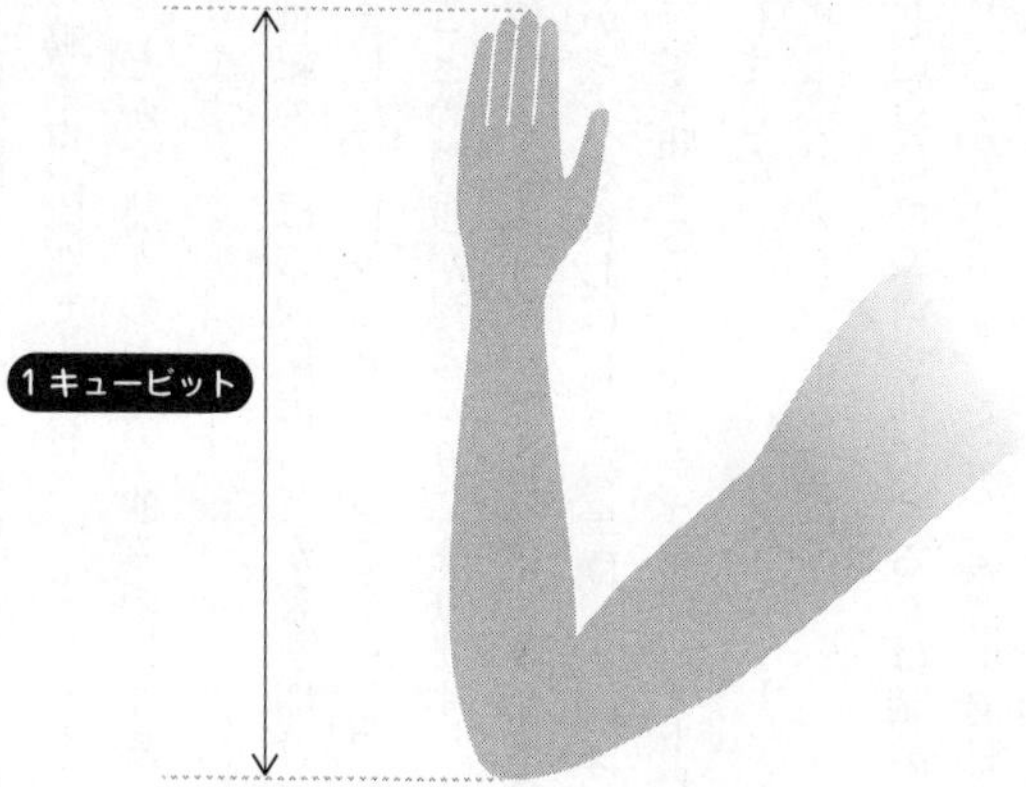

の先までの長さであるとする説や、アングロサクソン人の腰回りだとする説など諸説あります）。

また、ダブルキュービットの長さを持つ棒で振り子を作ると、おおよそ2秒で1往復することから、この振り子は「秒振り子」と呼ばれ、広く使われていたそうです。

なお、1キュービットの24分の1の長さ（約1・9㎝）を1ディジットと言い、1ディジットは親指以外の指の幅を表します。このディジットは「デジタル」の語源だそうです。

古代には他にも自然物のサイズ、

人や家畜の能力などが「基準」として採用されていました。面白いところでは「牛の鳴き声が聞こえる長さ」とか「トナカイの枝角《えだつの》の分かれ目を見分けられる距離」とか「熱々のお茶が飲み頃になるまでに走れる長さ」などを単位にした例もあります。

15世紀の半ばに大航海時代が幕を開けてから、各国は盛んに交易をするようになりました。しかしそうなってくると、それぞれの国がそれぞれの単位を使っていることの弊害が浮き彫りになります。交易をスムーズに行うための「世界共通の単位」を求める声が高まる中、革命直後のフランスで、１７９０年にタレーランという人が新しい長さの単位（後のメートル。メートルは「ものさし」や「測ること」を意味する古代ギリシャ語の「メトロン」が語源です）の制定を求める法案を提出しました。

新しい単位の基準を何にするかは議論がありました（赤道の長さの４０００万分の1という案もありましたが、赤道を実測するのは難しいことから見送られました）が、最終的には、**北極点から赤道までの距離の１０００万分の１を１ｍと定める**

北極点から赤道までの距離を算出

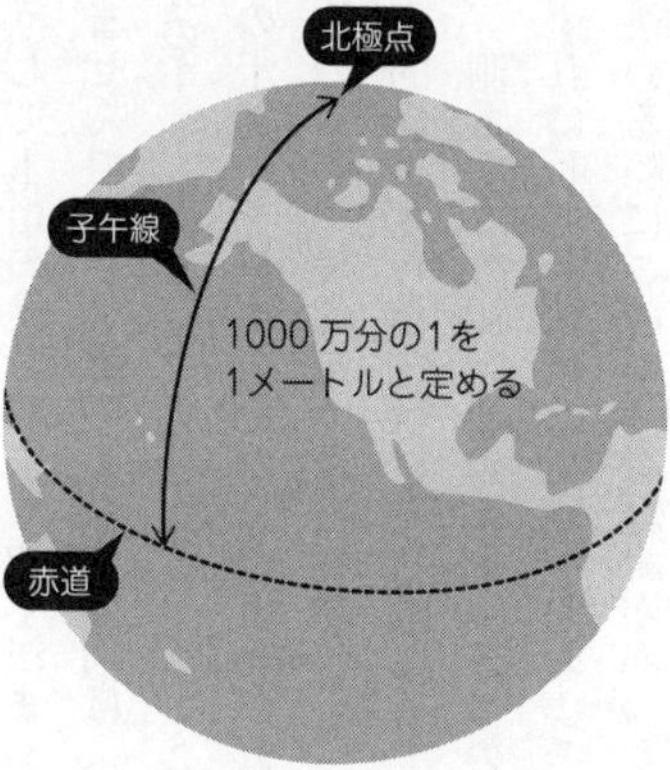

ことが決まりました。だいたいダブルキュービット程度になるように配慮されたそうです。それまでの経験上、1ヤードに近いダブルキュービット程度を単位にしておけば、生活をする上で都合がいいことを知っていたのでしょう。

議会の決定を受けて、1792年には測量が始まっています。実測したのは、パリを通る子午線上のフランスの北端ダンケルクからスペイン領バルセロナまでの距離です。

測量が終わったのは1798年ですから、1mの長さを定める測量は実に6年もの歳月を要しました。この測量結果とダンケルクとバルセロナの緯度の違いから北極点から赤道までの距離が算出され、1799年には1mの長さを定めた、いわゆる「メートル原器」が製作されています。

こうして1mの長さがようやく決まったわけですが、その普及は思うようには進みませんでした。その1つの要因は（今となっては意外ですが）メートルがデシ（10分の1）、センチ（100分の1）、ミリ（1000分の1）、キロ（1000倍）などの十進法を採用したからだと言われています。それまでのヨーロッパでは十二進法の方が一般的だったのです。

国際的な長さの単位統一を目的として、いわゆる「メートル条約」が結ばれたのは、測量から約80年後の1875年のことでした。

いずれにしても地球の1周がおおよそ4万km＝4000万mなのは、1mの長さを決める際にこのような経緯があったからです。

ちなみにメートル原器はその後1889年に作り直され、世界のメートル条約加盟国に改めて配られました。しかし物質で作られた原器は経年劣化や温度変化による膨張などの物理的限界があることから、1983年の第17回国際度量衡《どりょうこう》

総会の決議によって、現在では、

１m＝光が真空中で約３億分の１秒（正確には２億９９７９万２４５８分の１秒）**の間に進む距離**

と定められています。

ご存じの通り、日本では古くから、長さの単位には「尺《しゃく》」が使われてきました。今でも日本建築や和服等では尺が使われていますね。１尺をメートルに換算すると、

１尺≒０・３m（正確には30・３０３㎝）

です。

日本がメートル条約に加盟したのは１８８５年（明治18年）のことでした。そ

の後、日本におけるメートル法の普及にはある意外なものが一役買ったことをご存じでしょうか？　それは薪を背負って歩きながら本を読む二宮金次郎の像です。昭和初期に約1000体作られ、全国の小学校に設置された二宮金次郎のブロンズ像の高さはちょうど1mでした。子ども達に1mの長さを実感してもらうという目的があったからです。

このときの二宮金次郎像は、戦時中の供出によって解体されたため、現存するのはほんの数体だけのようです。

ちなみに**一般的なビルの1階分の高さが約3mであることは知っておくと便利です。**たとえば世界最大の哺乳動物であるシロナガスクジラの体長は約30mですが、これは10階建てのビルに相当します。こう考えると、シロナガスクジラの巨大さが実感できるのではないでしょうか？

以前、JRに乗って車内の液晶画面に映るニュースを見ていたら、2020年の東京オリンピックから正式種目となるスポーツクライミングにおいて、15mの壁を登り切る競技の世界記録は5秒台であることが紹介されていました。そしてそのすぐ後に「これは5階建てのビルを6秒足らずで登り切ることになります」

という説明があって、とてもわかりやすいと思いました。ビルの1階分の高さを知っていれば、こういうことも自分で計算できるようになります。

1mは体や建物の長さを測るにはちょうど良いのですが、宇宙の大きさを測る尺度としては短すぎます。そこで宇宙の大きさを表現するには天文単位（au: astronomical unit）と光年（ly: light-year）という単位が使われます。

1天文単位は地球と太陽の間の距離を表し、

1天文単位＝1・5億km（正確には1億4959万7870・7km）

です。太陽から木星までの距離は約5天文単位、土星までは約10天文単位、海王星までは約30天文単位です。

ちなみに地球から最も離れた場所に到達した人工物体であるボイジャー1号は、打ち上げから約45年が経った2022年1月現在、地球から約156天文単位離れた星間空間を飛行中です。

一方の1光年は、光が**1年間に進む距離**を表し、

1光年＝9・5兆km（正確には9兆4607億3047万2580・8km）

です。1光年は約6万3000天文単位に相当します。

太陽に最も近い恒星（みずから輝く星）であるプロキシマケンタウリまでの距離は約4・2光年、銀河系の直径は約10万光年、アンドロメダ銀河までは約250万光年、地球から観測可能な宇宙の果てまでの共動距離（宇宙の膨張とともに伸びる〈動く〉「定規」で測った距離）は約457億光年です。

逆にごくごく小さな世界にも目を向けてみましょう。

いわゆるナノテクノロジー（nanotechnology）とは、物質を分子1個や原子1個のレベルで自在に扱える技術のことを指します。

1nm《ナノメートル》＝0・000000001m（10億分の1m）

です。これがどれくらい短いかは、**１ｍと１ｎｍの比は、地球と女性が小指にはめる指輪の直径の比にほぼ等しい**ことから想像してください。また、人間の爪は１秒で約１ｎｍ伸びます。あなたが爪を切った後、爪切りをしまう間に爪は数ｎｍ伸びてしまうというわけです。

レーザー光線の波長が約１００ｎｍ、ＤＮＡの螺旋《らせん》半径が約１ｎｍ、原子の大きさが約０・１ｎｍです。

ナノテクノロジーは遺伝子工学、医療、超軽量素材、量子コンピュータなどさまざまな技術分野に応用されつつあります。

◆質量の単位

質量の単位についてお話しする前に、**質量と重さの違い**について確認させてください。この２つの言葉は同じ意味だと思っている方もいらっしゃるかもしれませんが、厳密には異なります。

質量とは**物体の動きにくさの度合い**のことです。ですから物体の質量は、地球上でも月面でも宇宙空間でも変わりません。ある物体の質量は、その物体固有の量です。

一方の重さとは**物体に作用する万有引力（重力）の大きさ**です。重力が変われば重さは変わりますから、同じ物体でも地球上での重さと月面での重さは違うものになります（月面での重力は、地球上の1／6程度になります）。また地球は完全な球体ではなく、その上標高がマチマチであったり、地球の内部構造が一様ではなかったりするせいで、場所によって万有引力の大きさは微妙に違います。

体重計やばね秤《ばかり》で計測されるのは「重さ」です。たとえばこの本の重さを、ばね秤を使って東京と富士山の山頂と月面とで測るとしましょう。その測定値はすべて異なる値になります。

一方、古代から使われてきた天秤《てんびん》を使えば、このような測定場所による違いは生まれません。仮に東京でこの本が200グラムの分銅と釣り合うのであれば、富士山の山頂でも月面でもやはり同じ200グラムの分銅と釣り合います。つまり、天秤は（物体に固有の）質量を測定していると考えることができます。

読者の中には、中学生のときに「キログラム重」という単位を習った記憶をお持ちの方がいらっしゃるかもしれません。1キログラム重とは、質量1キログラ

天秤とばね秤

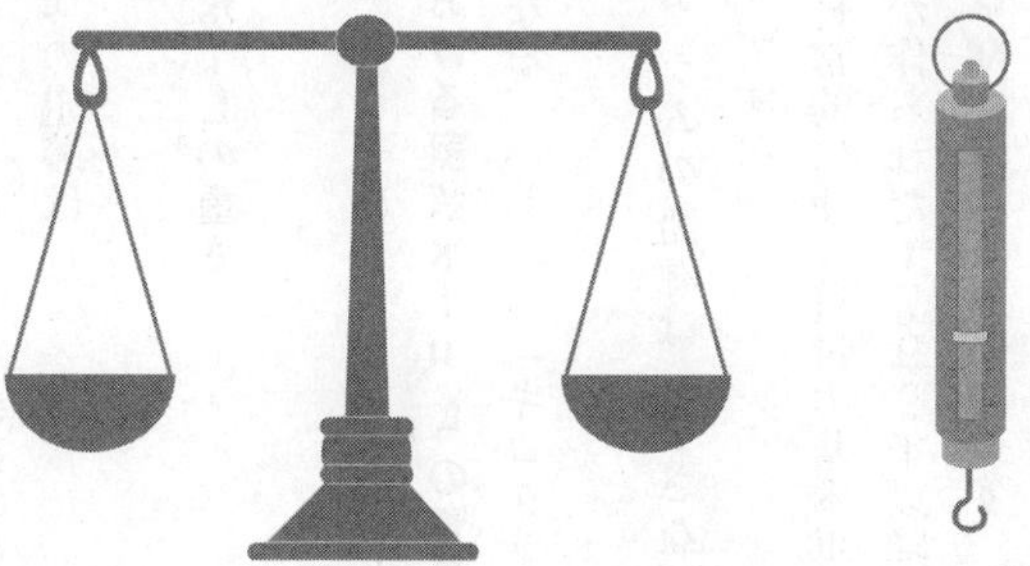

ムの物体が、地球上の北緯45度における平均海面上で受ける平均重力のことです。

質量の単位「1キログラム（kg）」を最初に定義しようとしたのは、「近代化学の父」とも呼ばれるフランスのアントワーヌ・ラボアジェ（1743～1794）でした。

1792年に1mの基準を決める測定が始まったことを知ったラボアジェは、やがて定まるであろう1mの長さを利用することを思い立ち、1辺の長さが1mの10分の1（10㎝）である立方体と等しい体積を持つ水の重さを1

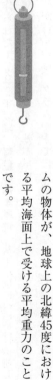

kgとしました。1辺の長さが10㎝の立方体の体積は1リットル（L）ですから、ラボアジェの定義は、

1kg＝水1L《リットル》の重さ

です。これを元にして、1795年には**「1gは1気圧、最大密度の温度（約4℃）における蒸留水1mL《ミリリットル》の質量」**と定められました。1799年には1kgの基準となる、いわゆる「キログラム原器」も作られています。

なお、グラムの語源は「小さなおもり石」を意味するギリシャ語のグラマ（grámma）です。

1gは日常的に使う質量の基本単位としては少々軽すぎるため、最初のキログラム原器が作られた1799年以降、**質量の基本単位**（基本単位については後述します）**にはkgが採用されています。**基本単位であるのに1000倍を表す接頭語のキロ（k）が付くのは、グラムがすでに定着していたことから、新しい単位の

命名は混乱を招くだろうという判断があったのでしょう。

つい最近（2019年）まで、1kgの基準は1889年に新しく製作された国際キログラム原器でした。

実は、その後このキログラム原器の質量を用いて1気圧、最大密度の温度における蒸留水1Lの質量を正確に測定した結果、ぴったり1kgではなく、1・028kgであることがわかりました。

しかし、原器の修正は行われませんでした。1960年の第11回国際度量衡総会で、水の質量や長さの標準メートルとは関係なく、原器の質量をもって1kgと定めることが正式に採択されています。

長さの基準がメートル原器から光という自然物に移ったのと比べると、質量の基準が人工物であるというのはやや時代遅れのように感じるでしょう。実際、現代ではナノメートルレベルの計測技術が発展してきたことから、さまざまな質量標準の決定方法が模索されました。

その結果、2019年には、結晶構造の乱れが少ないシリコン単結晶に含まれる原子の数（具体的にはアボガドロ数）を高精度に測定し、その数値から算出できる普遍的な物理定数（具体的にはプランク定数）の値で1kgが再定義されました。

◆時間の単位

「祇園精舎《ぎおんしょうじゃ》の鐘の声、諸行無常の響きあり。娑羅双樹《さらそうじゅ》の花の色、盛者必衰《じょうしゃひっすい》の理《ことわり》をあらわす……」

と、有名な『平家物語』の冒頭を引き合いに出すまでもなく、この世に変化しないものはありません。人間は文化・文明を持つずっと前から、地平線に沈む夕日を見て、あるいは変わりゆく星空を眺め、時の移ろいを意識したことでしょう。日常生活の中では空こそが最も人に「無常」を感じさせてくれたはずです。

そうしたことを思えば、太陽が東の空に昇るたびに1日を数え、満月から次の満月までの日数を1カ月とし、黄道《こうどう》（地球から見て、太陽が地球を中心に運行するように見える大円）上を移動する12の星座から1年の季節変化を知るようになったのはごく自然なことでした。

実際、紀元前4000年頃の古代エジプトではすでに1カ月を30日、1年を12カ月とする暦が始められていました。やがて天体観測技術の進歩から1年の日数は365日に修正され、閏《うるう》年も追って導入されます。

また、人間が最初に手にした時計が「日時計」だったのも当然の成り行きでした。機械時計が初めて登場したのは13世紀のことですが、しばらくは今で言う短針しかなく、また誤差も大きな時計でした。

1583年にガリレオ・ガリレイが「振り子は、その振り幅が大きくても小さくても1振れの時間は同じである」という、いわゆる「振り子の等時性」を発見したことにより、正確な機械時計への道が開かれました。

ただし、クリスティアーン・ホイヘンスによって最初の振り子時計が製作されるのは1656年のことです。この頃から時計には分針や秒針も使われるようになります。

1秒の長さは長らく、太陽が真南に位置したときから次の日に太陽が同じ位置に来るまでの時間、つまり地球が1日の間に1回転（自転）するのにかかる時間が基準になっていました。平均太陽日《じつ》（地球は太陽の周りを、楕円軌道を描いて公転しているので、太陽が南中してから翌日に南中するまでの時間は日によって違います。その年平均を平均太陽日と言います）を24分割したものが1時間、1時間を60

分割したものが1分、1分を60分割したものが1秒というふうに定められていたわけです。この秒の定義は１９５５年まで使われていました。

時間測定の技術が向上するにつれて、地球の自転速度は不規則であることがわかってきたため、１９５６年には地球が1年かけて太陽の周りを1周（公転）する時間を基準とする新しい定義が採択されました。

しかし、これには当然ながら天文学的な観測が必要であり、手間がかかります。そこで、この頃になるとかなりの精度で測定が可能になっていたこともあり、実験室で測定できる原子の性質を基準とする新しい定義が採択されることになりました。その大切な原子に選ばれたのは、セシウムという金属原子（原子番号55・質量数１３３）です。セシウムに白羽の矢が立ったのは、セシウムには質量数が異なる同位体が自然界には存在しないことと、定義が採択された当時、他の原子よりも研究が進んでいたこと等が理由のようです。


この先は専門的になるので、読み飛ばしていただいても構いません。

セシウムには基底状態と呼ばれる安定的なエネルギー準位（落ち着く状態）が

2つあり、一方の準位からもう一方の準位に状態が変化（遷移）するとき、ある特定の周波数を持つマイクロ波（最も短い波長域の電波）を放射します。

周波数というのは、周期（1回の振動にかかる時間）の逆数（周波数をf、周期をTとすると、f＝1／Tの関係になります）で、**1秒間に繰り返す振動の回数を**意味します。もし周期が0・5秒なら、周波数は2ヘルツ（＝1秒間に2回振動します）です（Hz〈ヘルツ〉は周波数＝1秒間に波が振動する回数の単位）。

本来、周波数の測定は1秒間に波が何回振動するかを測るわけですが、（特定のマイクロ波が一定時間内に振動する回数は一定ですので）先に周波数を決めてしまえば、周波数から逆に1秒の長さを決定することができます（簡単に言えば「3回振動するのにかかる時間を1秒とする」というように定義してしまえばいい、ということです）。

とは言え、先に決める周波数を適当な値にしてしまうと、周波数から定めた1秒の長さがそれまでに使っていた1秒の長さと違ってしまい、各方面に多大な影響が出ます。そんなことにならないよう、何度にもわたる測定と討議が行われました。

その結果、定義変更前後における1秒の辻褄《つじつま》を合わせるためには、セシウムが2つの基底状態を遷移する際に放射するマイクロ波の周波数（1秒間に振動する回数）を**91億9263万1770ヘルツ**に定めればよいことがわかりました。

周期（1回の振動に要する時間）を用いて表現すれば、

1秒＝質量数133のセシウムが2つの基底状態を遷移する際に放射するマイクロ波の周期の**91億9263万1770倍**

となります。これが現在の1秒の定義です。

もちろん、この数字を覚える必要はありません。**ただ、10桁に及ぶこの数字を見ていると、私は「1秒の長さを定義し直す」というエポックメイキングな課題に取り組んだ当時の研究者達の覚悟や執念のようなものが透けて見えるような心持ちになります。**

限界まで精度を高める必要がある実験室での測定とは対極の日常において、手元に時計やストップウォッチやスマホの類《たぐい》がないとき、最も手っ取り早く1秒の長さを測る方法は、自分の手首の内側に指を当ててみることです。**人間の脈拍の間隔は、**（健康状態や年齢によっても違いますが）**おおよそ1秒**（健康な人間の安静時の心拍数は1分間で65回前後なので、脈と脈の間隔は約0・92秒です）ですから、脈拍の回数がだいたいの秒数だと思っていいでしょう。

もし、1mの長さが測れる状況なら、1mの紐で振り子を作れば、もっと正確に秒数を測ることができます。なぜなら前述の振り子の等時性により、振り子の振り幅によらず、**1mの振り子の周期は2秒**（正確には2・007秒）だからです。

時間について頭に入れておきたい数字は、やはり**宇宙が誕生したのは138億年前**であることと、**地球が誕生したのは45億年前**であることでしょう。また、**地球上に現生人類が出現したのは約20万年前**であることや、**文字が発明されたのは約5000年前**であること等も知っておくといいかもしれません。

ただし、これらの数字はとても大きいので、今ひとつイメージしづらいですね。そこで、アメリカの天文学者カール・セーガンが「コスモス」というテレビ番組の中で披露した「宇宙カレンダー」を紹介したいと思います。宇宙カレンダーでは宇宙の誕生から現在までを1年に縮めて考えます。

【宇宙カレンダー】

1月1日：ビッグバン／宇宙誕生（138億年前）
3月16日：銀河系誕生（110億年前）
9月1日：太陽系誕生（46億年前）
9月3日：地球誕生（45億年前）
12月25日：恐竜出現（2億3000万年前）
12月26日：哺乳類出現（2億年前）
12月31日
　23時52分：現生人類出現（20万年前）
　23時59分49秒：文字の発明（5000年前）
　23時59分59秒：近代科学の開幕（500年前）

人類が誕生してからはまだわずか8分で、近代科学が幕を開けてからは1秒しか経っていません。この尺度で考えると、人の一生は0・2秒ほどです。

◆光の速度

3時限目の冒頭に「光は1秒間に地球を7周半できる」と紹介しました。前述のとおり、地球1周は約4万㎞ですから、

光の速度：秒速30万㎞（正確には秒速29万9792・458㎞）

です。太陽と地球の距離は1・5億㎞（1天文単位）であることを使って、

1・5億㎞÷30万㎞＝500秒

と計算すれば、太陽の光が地球に届くまでには500秒かかることがわかります。**私達が見ている太陽の姿は、8分20秒前の太陽なのです。**

ちなみに月までの距離はおおよそ38万km（正確には38万4400km）なので、同様の計算から、月の光が地球に届くまでには約1・3秒かかることも求められます。

特筆すべきは、**光の速度は観測者の状態によらない定数**であるという点です。この**「光速度不変の原理」**は、アインシュタインが相対性理論を生み出す直接の契機になりました。**「光速度不変の原理」が物理学の歴史の中でも5本の指に入る画期的な発見であることは間違いありません。**ここではその偉大な発見の歴史を少し紐解きたいと思います。

たとえば、時速60kmで走る電車に並走して、同じく時速60kmで走る車があるとします。このとき、車から見ると電車は「止まって」見えます。では、同じように光の速度（秒速30万km）で動く人から見たら、光は「止まって」見えるのでしょうか？

アインシュタインは16歳のときに、これとまったく同じ疑問を持ちました。そして「止まった光」などあり得ないと考えて悩んだそうです。

当時の常識では、宇宙のどこかに「絶対座標」という完全に「静止」している座標系があって、絶対座標に対して止まっている人にだけ、光は秒速30万kmで見え、絶対座標に対して動いている人からは、光速は秒速30万kmより速くなったり遅くなったりして見える、と考えられていました。

しかし、そんな絶対座標はいったいどこにあるのでしょうか？

地球は太陽の周りを回っているわけですが、太陽は銀河系の中の約２０００億個の恒星の１つに過ぎません。そして太陽は、銀河系の中心の周りを約２億年かけて１周します。

また、銀河系自身も隣のアンドロメダ銀河などと引き合って運動しています。そこでアインシュタインは「絶対座標」という考え方を否定します。宇宙の中に「静止」している場所を見つけることはできないと考えたのです。

特殊相対性理論が発表される約20年前の１８８７年にアルバート・マイケルソンとエドワード・モーリーという２人のアメリカの科学者によって、地球の東西方向と南北方向で光の速度がどれだけ違うかを測定する実験が行われました。

地球は、秒速約30kmで太陽の周りを運動しています（ちなみに自転速度は、最も速い赤道付近で秒速０．５㎞程度）。ということは、地球の運動と同じ向きの東西方向に進む光は、地球の運動の向きに対して垂直である南北方向に進む光に比べて、地球の運動の分だけ速度が違って見えるはずです。

マイケルソンとモーリーの２人も当然、東西と南北とで光の速度は異なるはずだと信じて測定を行いました。しかし、驚くべきことに光の速度は２つの方向ともまったく同じ値で観測されました。光の速度は地球の運動にまったく影響を受けないということがわかったのです。

すでに「絶対座標」の考えを否定していたアインシュタインは、この結果を受けて「観測する場所がどんな速さで動いていても、光は常に一定の速さで進むのではないか？」と考えました。**つまり「光は誰に対しても秒速30万kmで進む」というのです。もちろんこれは当時の「常識」を覆《くつがえ》すものでした。**

現代の我々にとっても、観測者の速度によらず光速は常に秒速30万㎞であるというのは、にわかには信じがたいことですよね。しかし、アインシュタインは若いときの自分の空想やマイケルソンとモーリーの実験に端を発して「有り得べからざることを除去していけば、後に残ったのがいかに信じがたいことであっても、それが事実に相違ない」というシャーロック・ホームズさながらの精神で、「光速度不変の原理」に辿り着きました。実際、「光速度不変の原理」は今日までにさまざまな方法で精度高く実証されています。

では、なぜ光だけが「特別」なのでしょうか？

実は光が特別なわけではありません。光は質量を持ちませんが、質量がゼロであればどんな物質も光速と同じ速度で運動します。**つまり光速とは「自然界の最高速度」であり、この最高速度が不変だということなのです。**

次に、アインシュタインは「距離÷時間＝速度」で計算される光の速度が一定なのであれば、光速度不変の謎を解き明かす鍵は、距離や時間の概念にあるんじゃないか、と考えました。時間の流れが「一定」だと考えることに対して疑問を持ち、空間の中の2点を結ぶ「距離」についても「一定」とは限らないと考えたわけです。一見、突拍子もないこの考えが相対性理論に繋《つな》がっていきます。

◆基本単位

自然科学に関する本節では単位について紹介してきましたが、単位には大きく分けて「基本単位」と「組立単位」とがあります。

基本単位とは互いに独立した量を表し、他の単位では表すことができない単位です。1954年の第10回国際度量衡総会で採択された現在の**国際単位系**では、これまで紹介してきた**長さ**、**質量**、**時間**に、**電流**、**温度**、**物質量**、**光度**を加えた7つの基本単位が定められています。

【基本単位】

①長さ：メートル［m］
②質量：キログラム［kg］
③時間：秒［s］
④電流：アンペア［A］
⑤温度：ケルビン［K］
⑥物質量：モル［mol］
⑦光度：カンデラ［cd］

一方の「組立単位」とは面積（㎡）や速度（m／s）のように基本単位を組み合わせて表現される単位です。組立単位は多数存在します。

3時限目のまとめ

◇長さ

地球の1周：4万km

1尺：0.3m

ビルの1階分の高さ：3m

太陽までの距離（1天文単位）：1.5億km

1光年：9.5兆km

◇質量

水1Lの重さ：1kg

◇時間

人間の脈拍の間隔：1秒

1mの振り子の周期：2秒

宇宙の誕生：138億年前

地球の誕生：45億年前

現生人類の出現：20万年前

文字の発明：5000年前

◇光の速度

秒速30万km

※数字はすべておおよその値

4時限目

芸術

◆美の中に潜む数字

20世紀に活躍したハンガリーの数学者ポール・エルデシュは、

「数はなぜ美しいのか。それはベートーヴェンの交響曲第九番がなぜ美しいのかと訊《き》くようなものだ。君がその答えを知らないのであれば、他の誰も答えることはできない。私は数が美しいということを知っている。もし数が美しくないのなら、美しいものなど何も無い」

と言っています。また「白鳥の湖」などの作曲で知られるチャイコフスキー

も、

「もしも数学が美しくなかったら、おそらく数学そのものが生まれてこなかっただろう。人類の最大の天才達をこの難解な学問に惹きつけるのに、美のほかにどんな力があり得ようか」

という言葉を遺しています。

19世紀のイギリスの詩人ジョン・キーツが書いた『ギリシャの壺に寄す』の最後には、こんな一節もあります。

「美は真なり。真は美なり」

自然科学が詳《つまび》らかにしてきた宇宙の真実は、数と、数から生まれた数式によって表現されます。多くの科学者が信じてきたように、宇宙の真の姿が美しいものであるとするならば、数や数式の中に美しさを見出《みいだ》すのはある意味で当然です。

「真は美なり」とは、そういう意味でしょう。

一方、「美は真なり」とは美しいものは真実であるという意味です。こちらは作者キーツの願望が入っているようにも感じられますが、私達の多くが美しいと感じるものの中に、神の御業《みわざ》としか思えない不思議な数の法則が成り立っているのは事実です。

本節では、そんな美の中に潜む数の中から、特に数字との結びつきが強い音律と、有名な黄金比に代表される「美しい比」について紹介したいと思います。

◆ピタゴラスと「完全」音程との出合い

「ドレミファソラシド」という、いわゆる音階を最初に発明したのは誰だかご存じでしょうか？　**それは「ピタゴラスの定理」でも有名な古代ギリシャのピタゴラスです。**ピタゴラスが音階を発明するきっかけになったのは鍛冶屋《かじ》でした。

ある日、散歩中に鍛冶屋の近くを通りかかったピタゴラスは、職人がハンマーで金属を叩くカーン、カーンという音の中に美しく響き合う音とそうでないものがあることに気づきました。

これを不思議に思ったピタゴラスは鍛冶屋職人のもとを訪れ、いろいろな種類のハンマーを手に取って調べ始めました。ピタゴラスはやがて、美しく響き合うハンマーどうしは、それぞれの重さの間に単純な整数の比が成立することを発見します。中でも2つのハンマーの重さの比が2：1の場合と3：2の場合は、特に美しい響きになりました。

人間が美しいと感じる響きの中に単純な整数の比が潜んでいるという意外性や簡潔さに惹かれたピタゴラスと弟子達はその後、音程を熱心に研究するようになります。

彼らはまず、モノコードと呼ばれる楽器を発明しました。

モノコードというのは共鳴箱の上に弦を1本張って、琴柱《ことじ》を移動させることによって、振動する弦の長さを変えられる、次頁の図のような装置のことです。

ピタゴラス達は、このようなモノコードを2つ用意しました。

実験の方法はこうです。

片方のモノコードの弦の長さは固定して、これを基準にします。もう一方のモ

モノコード

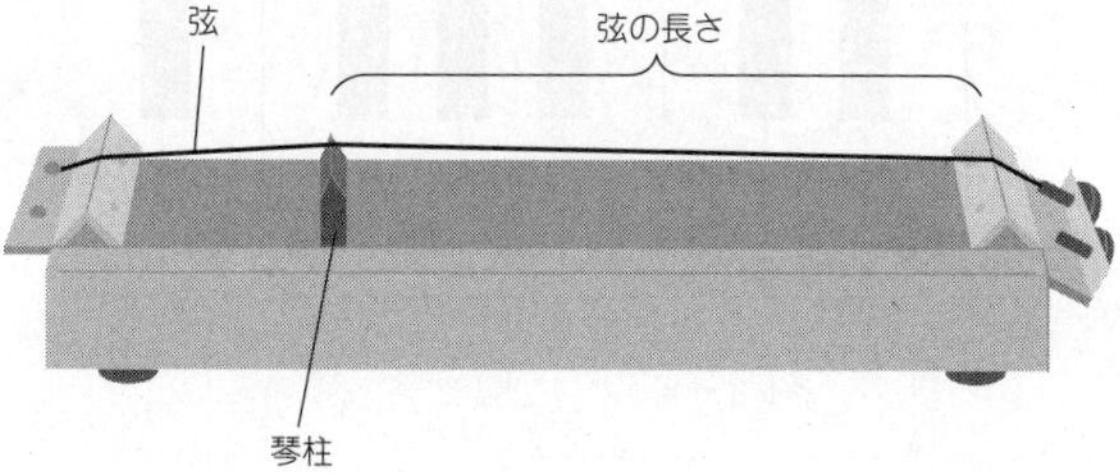

ノコードは、琴柱を動かすことで弦の長さを短くしていきます。そうして2つの弦を同時に弾き、美しく響き合う位置を探します。
　すぐに、片方の弦の長さが半分になったとき、すなわち弦の長さが**2：1**になったときに、2つの音が完全に溶け合うことがわかりました。
　ピタゴラス達はその後、他にも2つの音が調和する位置がないかを探しました。すると、2つの弦の長さの比が3：2や4：3のときにも、それぞれ2つの音はよく調和することがわかりました。

音程の数え方

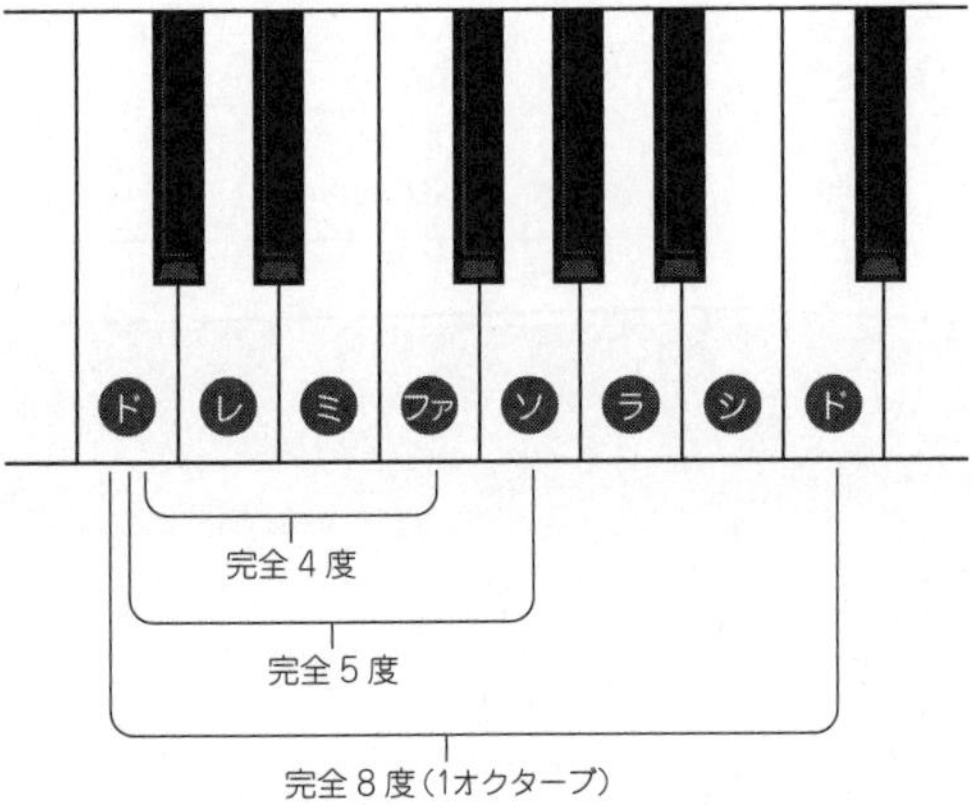

「ドレミファソラシド」の、低いドから高いドまでの音程の幅を1オクターブと言います。1オクターブ離れた2つの音は同時に響くと、高さの違う「同じ音」に感じられて、濁りなく美しく調和することをご存じの方も多いでしょう。

音楽では、音程（2つの音の、音の高さの差）を表すときに「度」という接尾辞を使います。ただし「ゼロ度」というのはなく、同じ高さの音どうしは「1度」と言います。ドとレのように隣り合う音は2度、ドとミは3度です。

特に美しく響き合う音程には頭に「完全」を付けることになっていて、1オクターブの中に完全音程は**完全4度**（ドとファ、レとソ、ミとラ、ソとド）、**完全5度**（ドとソ、レとラ、ミとシ、ファとド）、**完全8度**（1オクターブ）の3つがあります。ピタゴラス達が発見した3つの「調和する音程」はそれぞれ、次のように3つの完全音程に対応しています。

弦の長さの比が2：1　完全8度（1オクターブ）
弦の長さの比が3：2　完全5度
弦の長さの比が4：3　完全4度

完全8度だけでなく、美しく響き合う音程になるときの2つの弦の長さの比が、簡単な整数の比になることにピタゴラス達は感動しました。まるで神様が仕掛けたイタズラを発見したかのような心持ちになったことでしょう。音程の研究を通して、数字を研究することは神の意志を汲み取ることであり、数字の中にこそ神の言葉があるのだと考えるようになったとしても不思議ではありません。

◆ピタゴラス数秘術

ほどなくして、ピタゴラス達は「万物は数である」というスローガンを掲げるようになります。特に整数とその比を神のように崇《あが》めるようになったピタゴラス達は、数字に意味を付ける「ピタゴラス数秘術」なるものを編み出しました。数秘術とは西洋占星術や易学等と並ぶ占術のひとつで、ピタゴラス式のほかにはカバラ式等が有名です。現代の数秘術が定める数の意味は流派によって違いがありますが、ピタゴラス達が行った意味付けはおおよそ次のとおりです。

1　理性　**2　女性**　**3　男性**
4　正義・真理　**5　結婚**　**6　恋愛**
7　幸福　**8　本質**　**9　理想と野心**
10　完全・宇宙

ピタゴラス数秘術を使った最も一般的な占い方は、生年月日の数字をすべて足し算した結果（2桁の数字になります）の各位の数を足して、最後に出てきた数字の意味を見るという方法です。たとえば、1974年7月18日生まれなら、

1+9+7+4+7+1+8=37 → 3+7=10

ということで「完全・宇宙」となります。

また、数字を直接計算にあてはめることもできます。

2+3=5 →「女性+男性=結婚」

2×3=6 →「女性×男性=恋愛」

4+5=9 →「正義・真理+結婚=理想と野心」

数に強い人は、たいていひとつひとつの数に「個性」を感じているものです。

それだけに「万物は数である」と信じていたピタゴラス達が、このような意味付けを行ったことはある意味で当然の成り行きだったのかもしれません。

◆ピタゴラス音律

話を音楽に戻しましょう。

1オクターブの中にどのように音を配置するかを定めたルールのことを音律と言います。そして人類で初めて音律を作ったのは、美しい音程と数の比の密接な関係に気づいたピタゴラスです。ピタゴラスは、弦の長さの比が3：2のときに生じる完全5度を積み重ねることで音律を作ろうと考えました。

この先はやや専門的になるので読み飛ばしていただいても構いませんが、興味のある方はどうぞお付き合いください。

一般に弦の長さと周波数は反比例します。

すでに見たように基準の長さに対して弦の長さが1／2になると、1オクターブ上の音になるので、**1オクターブ上の音の周波数は基準の音の2倍**です。オーケストラが演奏会の最初に行うチューニング（音合わせ）は**440ヘルツ**のラの音で行いますが、このラの1オクターブ上のラの周波数は880ヘルツです。

同様に弦の長さの比が3：2のとき、すなわち基準の音に対して弦の長さが

ピタゴラス音律

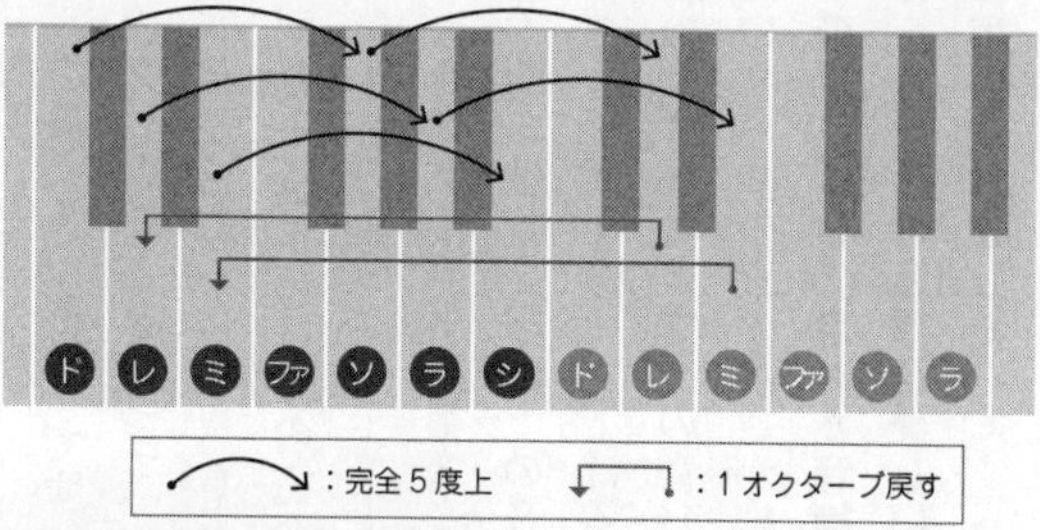

ピタゴラス音律の周波数の比

第１音（根音）	ド	1	
第２音	ソ	$1 \times \frac{3}{2} = \frac{3}{2}$	$(=1.5)$
第３音	レ	$\frac{3}{2} \times \frac{3}{2} \times \frac{1}{2} = \frac{3^2}{2^3}$	$(=1.125)$
第４音	ラ	$\frac{3^2}{2^3} \times \frac{3}{2} = \frac{3^3}{2^4}$	$(=1.6875)$
第５音	ミ	$\frac{3^3}{2^4} \times \frac{3}{2} \times \frac{1}{2} = \frac{3^4}{2^6}$	$(=1.265625)$
⋮			
第13音（1オクターブ上のド）	ド	$\frac{3^{12}}{2^{18}}$	$(=2.02728653)$

第１音→第２音：完全５度上
第２音→第３音：完全５度上の１オクターブ下
第３音→第４音：完全５度上
第４音→第５音：完全５度上の１オクターブ下

※$\times \frac{1}{2}$　第１音より１オクターブ以上高くならないように１オクターブ下げている

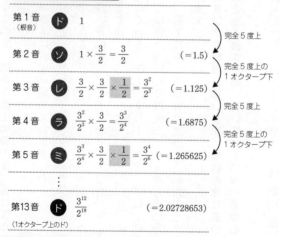

2／3のときに完全5度の音程になるので、**完全5度上の音の周波数は基準の音の3／2倍（1・5倍）**です。

この2つのことを使って、ピタゴラスは音律を定めていきました。

基準となる第1音（根音《こんおん》とも言います）に対して、完全5度上を第2音にします。同じように第2音の完全5度上を第3音にしたいところですが、そうすると、第1音の1オクターブ上より高い音になってしまうので、第2音の完全5度上の1オクターブ下を第3音にします。

基本的には完全5度上の音を重ねていき、第1音より1オクターブ以上高くなるときは1オクターブ下げるという操作を12回繰り返すと、ちょうど第13音が第1音の1オクターブ上の音になり、第1音から第13音で黒鍵を含めた1オクターブ内のすべての音の高さが定まります。

このようにして定めた音律をピタゴラス音律と言います。整数の比に基づいて定められたこの音律は美しい和音を生み出すため、長い間ヨーロッパを中心に盛んに用いられました。

しかし、ピタゴラス音律には決定的な欠点があります。それは、第13音にあたる1オクターブ上の音の周波数が、第1音に対してちょうど「2」ではなくなってしまう（149頁の図にあるように、第13音は「2・0272865 3」倍になり、0・03程度ズレてしまう）点です。

たとえばヴァイオリン1本で伴奏を付けずにメロディーだけを弾く場合は、ピタゴラス音律で演奏すると、はっとするほど美しく感じることがありますが、他の楽器と和音を響かせようとするときには、ときにひどく濁ることがあるので実用的ではありません。

宇宙の美の根底には数学的な美しさがあると信じ、これを追求した音律でありながら、演奏上は大きな欠陥があったのです。

◆さまざまな音律

《平均律》

現代において最も一般的に用いられている音律は、いわゆる平均律です。平均律では1オクターブに並ぶ12音の周波数が等比数列になるように定められています。

ただし、平均律では、**音程が半音上がると周波数が$\sqrt[12]{2}$**（2の12乗根）**倍**になるように定められているため、1オクターブ以外の音程はその周波数の比がどれも単純な整数の比になりません。すなわち本来美しく響き合うべき完全5度や完全4度が完全には調和しないという欠点があります。

平均律というのは、ピタゴラス音律のようにある特定の音程だけが濁るということはなく、音程のズレを平均化した音律であると言えます。完全に調和する音程が（1オクターブ以外には）ない反面、ひどく濁る音程がないのは長所です。

《純正律》

「ドレミファソラシ」の7つの音の周波数の比が、基準のドに対してどの音程も簡単な整数の比になり、完全に調和する音律を作ることは不可能なのでしょうか？　いいえ、そんなことはありません。そのような音律は実在し、これを**純正律**と言います。

実際、「天使の歌声」として知られるウィーン少年合唱団は純正律で歌っています。また、ヒーリング・ミュージックの第一人者として人気を誇るエンヤが演奏するケルト系ポップスも純正律です。ただし、純正律は転調や移調をすると（臨時の♯や♭を用いると）途端に狂ってしまうという欠点があり、使える音楽が限られます。

総合すると、特にピアノや合奏においては平均律を使うのが一番ましだとされているわけですが、未だに議論は絶えません。実際、音律にはどれも一長一短があるので、他にもさまざまな音律が発明されています。たとえばオイラーやケプラーといった大数学者もそれぞれオイラー音律、ケプラー音律と呼ばれる独自の音律を発表しているくらいです。

数学者と「ドレミファソラシド」の音の高さを定める音律は、不釣り合いのように感じるかもしれません。でも、ピタゴラスから始まった「美の中の数」をめぐる研究の精神は、後世の科学者達に脈々と受け継がれているのです。

◆古代ギリシャ人と音楽

ピタゴラスとその弟子達の熱心な啓蒙活動によって、古代ギリシャの人々は、宇宙は数の調和で作られていると考えるようになっていきました。宇宙の調和の根本原理は「ムジカ」であり、その調和は「ハルモニア」であると考えるようになったのです。「ムジカ」と「ハルモニア」は、それぞれ英語で言うと「ミュージック」と「ハーモニー」です。

古代ギリシャ人は音楽を3つの階級に分けていたという記録が残っています。彼らにとって最上位の音楽は「ムジカ・ムンダーナ」と呼ばれる宇宙（ムンダーナ）の音楽であり、人間の耳には聞こえないものの、全宇宙の調和は宇宙に流れる音楽が司《つかさど》っていると考えられていました。また人間の内部には「ムジカ・フマーナ」という音楽が流れていて、これも人間の耳には聞こえませんが、人間の魂や心身（フマーナ）の調和も「ムジカ」の根本原理によって成り立っているのだと信じられていたようです。そして、最下位の音楽が「ムジカ・インストゥルメンターリス」であり、これだけが人間の耳に実際に聞こえる音楽です。現代ではインストゥルメンタル（instrumental）は楽器のみで演奏される器楽曲を指す言葉ですが、「ムジカ・インストゥルメンターリス」には声の入った音楽も含まれました。

いずれにしても古代ギリシャ以降、中世に至るまで、音楽は楽しむものというより、哲学や科学に近いものであり、秩序や調和の象徴として捉えられていたのです。

数学（mathematics）の語源はギリシャ語の「マテーマタ＝学ぶべきもの」ですが、古代ギリシャにおけるマテーマタ（数学＝学科）は、

- **算術（静なる数）**
- **音楽（動なる数）**
- **幾何学（静なる図形）**
- **天文学（動なる図形）**

の４分野から成っていました。古代ギリシャ人にとって音楽（美の中にある数）がいかに「学ぶべきこと」であったかが窺《うかが》えます。

◆黄金比は美しい

古代ギリシャでは、円こそが最も美しい図形だと考えられていました。その理

由は、円は中心を通る直線で分ければ、どの方向から直線を入れても、直線を挟んで対称（シンメトリー）になるからです。富士山や東京タワーの例を出すまでもなく、対称であることは美しさの基本なのです。

しかし、私達が美しいと感じる長さの比率は、正五角形の中に潜んでいます。それは正五角形の1辺と対角線の長さの比であり、いわゆる黄金比です。黄金比とは次の比率のものを言います。

黄金比…1：1・618

（正確には1：$\frac{1+\sqrt{5}}{2}$＝1.6180339…≒5：8。この数字の計算は本節の最後に解説します）

「黄金比」という名称は、この比の美しさに魅せられた古代ギリシャの彫刻家ペイディアスが名付けたといわれています。

ただし、文献上で「黄金比」という用語が初めて登場したのはずっと後のことで、1835年にドイツで刊行された『初等純粋数学』という本です。

黄金比

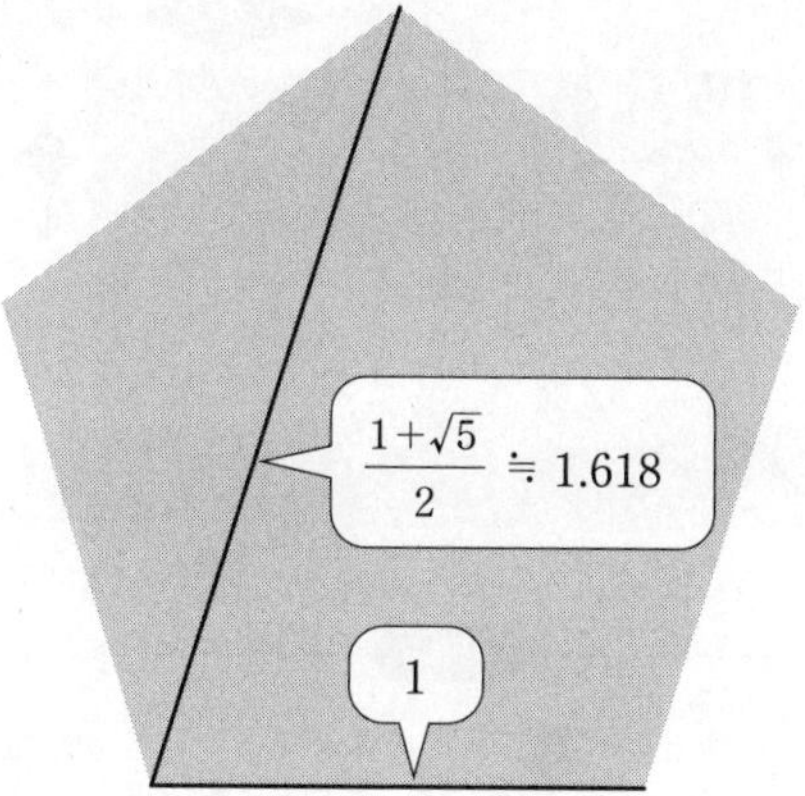

身近なところでは、通常サイズの名刺の縦と横の比はほぼ黄金比になっています。

縦と横の比が黄金比になっている長方形を「黄金長方形」と言います。黄金長方形には、最大の正方形を除くと、残った長方形もまた黄金長方形になるという非常に興味深い特質があります。つまり、黄金長方形から正方形を除くという作業は永遠に続けることができて、そのたびに相似（形は同じで大きさは違う）の黄金長方形を（理論上は）無数に作れるということです。

また、次頁の図のように黄金長方

黄金長方形

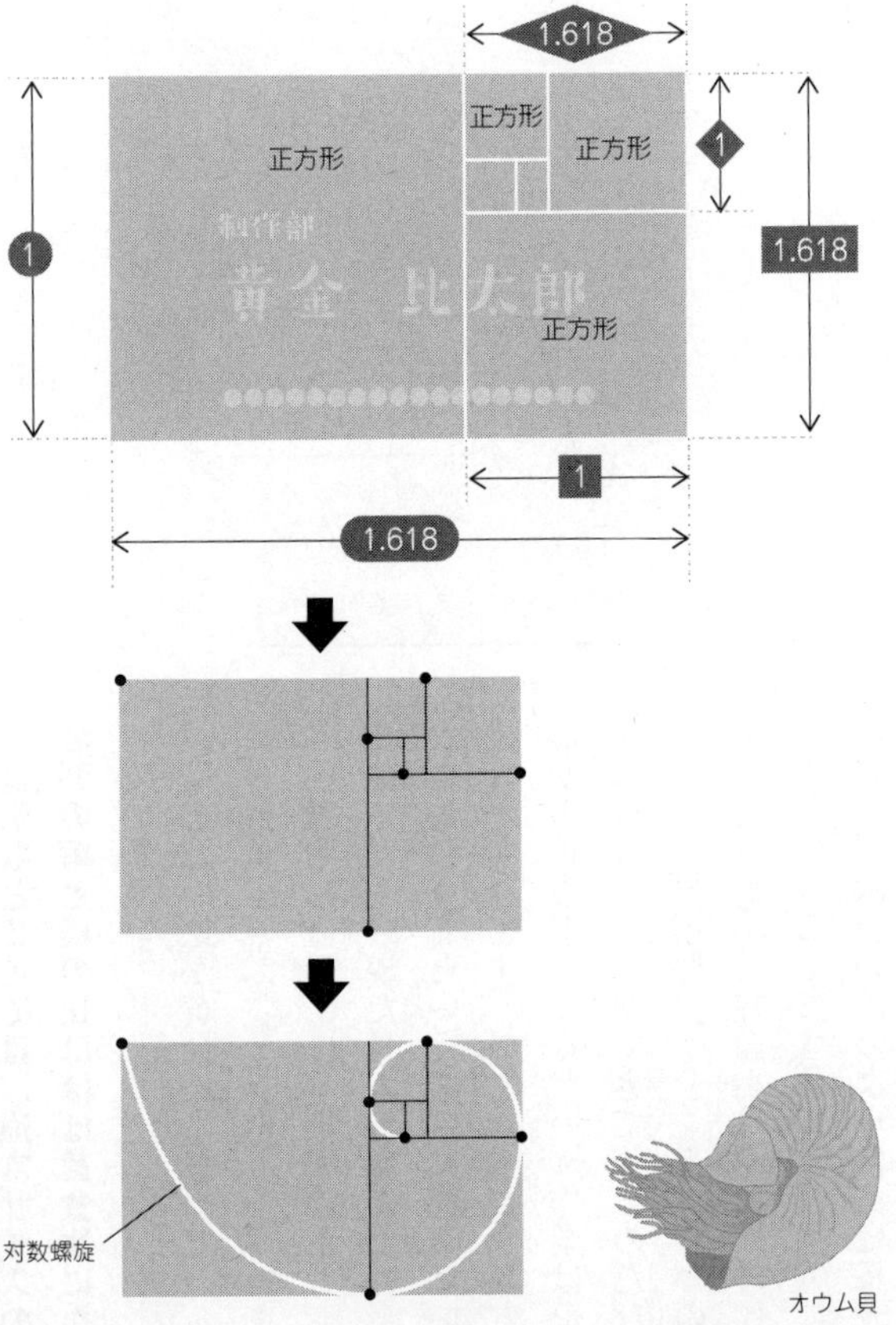

形の中の正方形の角を滑《なめ》らかに繋いでいくと、渦《うず》巻きの曲線ができます。この渦巻曲線を「対数螺旋」、または「黄金螺旋」といい、オウム貝やヒマワリの種の配列など、自然界に多く見られます。

芸術作品にも黄金比は多数見つけることができます。**ミロのヴィーナス**は、足元からヘソまでの長さと全身の長さ、あるいは上半身と下半身の長さなどが黄金比になっています。また、**モナリザ**や**ギリシャのパルテノン神殿**、**エジプトのピラミッド**等、黄金比が見られる芸術作品やデザインの例は枚挙にいとまがありません。

◆フィボナッチ数列と黄金比

次の数列はあるルールに従っています。

1、1、2、3、5、8、13、21、34……

34の次の数字がわかるでしょうか？　実はこの数列は、直前の2つの数を足し合わせて次の数を作るという規則になっています。21＋34＝55ですから、34の次は55です。このような数列のことを**フィボナッチ数列**と言います。

フィボナッチは、13世紀にイタリアで活躍した数学者です。フィボナッチは『算術の書』という著作の中で、1組のつがいの子ウサギが1カ月後に大人になり、その後は毎月1つがいずつ子ウサギを出産したとすると、つがいの組数は1年間で何組になるかという問題を解決してみせました（次頁の図参照）。そのときに登場したのがフィボナッチ数列です。

実は、このフィボナッチ数列は黄金比と深い関係があります。フィボナッチ数列の、隣りあう数の比の値は、数が大きくなればなるほど黄金比（1：1.618）に近づくのです。

そのため、フィボナッチ数列を1辺の長さとする正方形を並べていくと、先ほど紹介した黄金長方形とよく似た形となり、その角を滑らかに繋いだ曲線も対数螺旋の1種です（162頁の図参照）。

また、アップル社のりんごマークやツイッターの鳥のマークをはじめ、非常に多くのロゴデザインが、フィボナッチ数列に登場する数を半径に持つ円を使ってデザインされています。フィボナッチ数列が黄金比に通じることから、関連する円を使ったデザインもまた美しく感じるのでしょう。

フィボナッチ数列

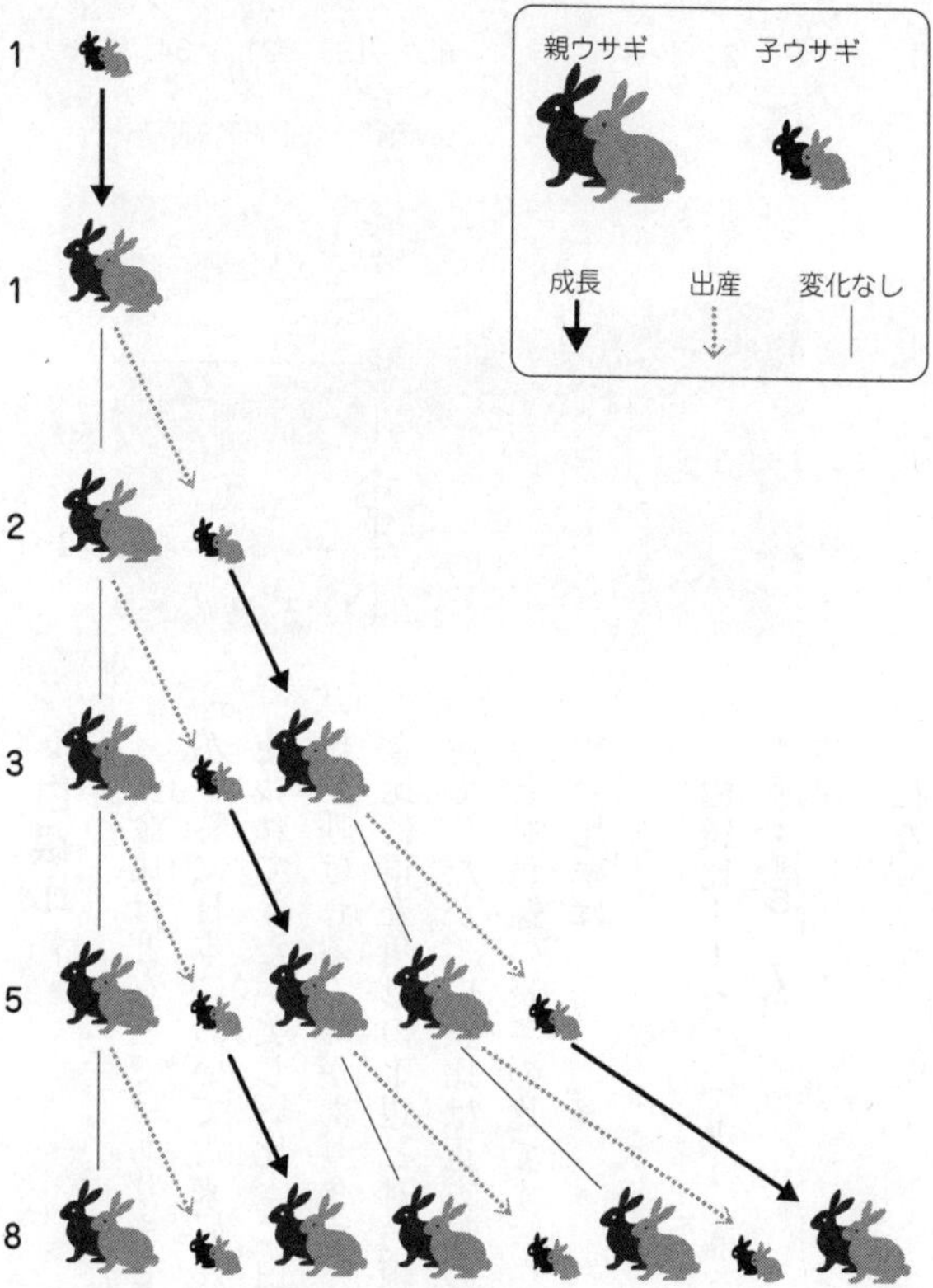

フィボナッチ数列は黄金比に近づく

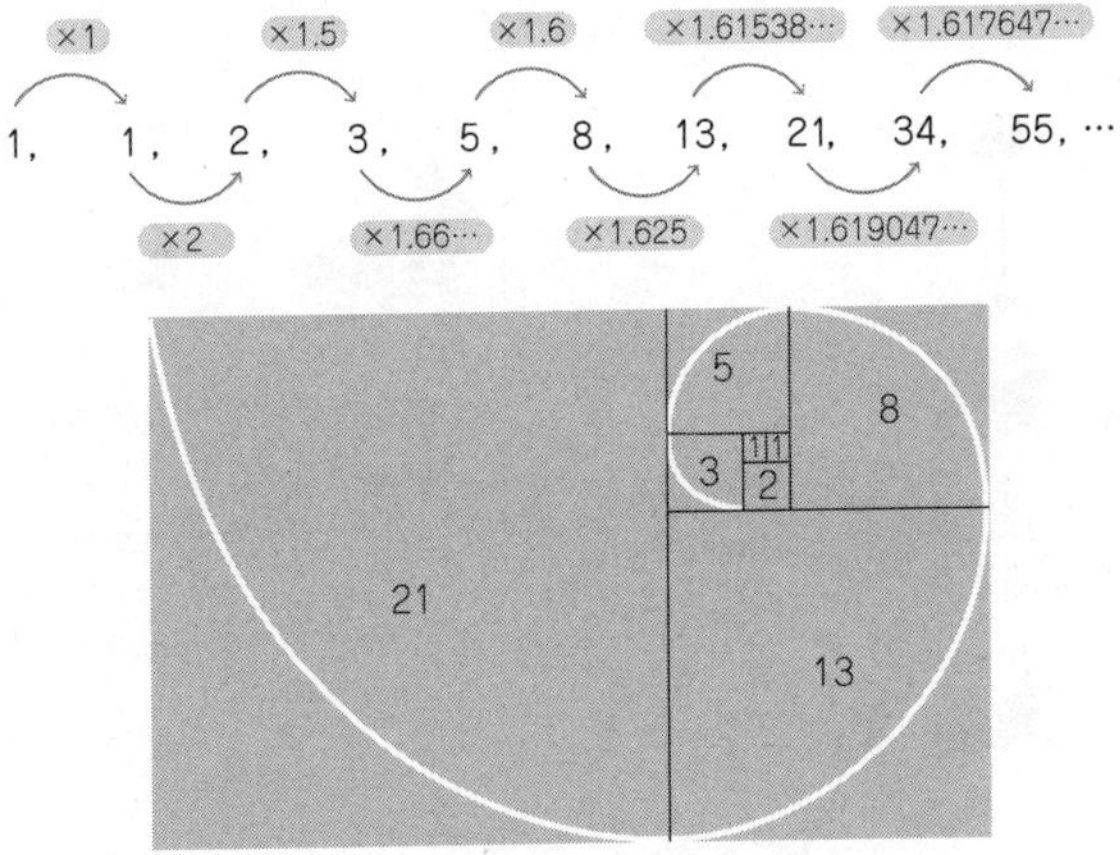

◆白銀比

黄金比ほど有名ではありませんが、特に日本において古来好んで使われてきた「美しい比」に白銀比と呼ばれるものがあります。黄金比は正五角形の1辺と対角線の比でしたが、白銀比は正方形の1辺と対角線の長さの比です。白銀比の比率は、

白銀比…1：$\sqrt{2}$（≒1：1.414…≒5：7）

になります。

「白銀比」の発見者や名称の由来はよくわかっていませんが、すでに有名だった黄金比にちなんで、いつからかこのように呼ばれるようになりました。

日本で白銀比が好まれた理由は、日本の建造物は断面が正方形の角材を使うことが多いからだと言われています。確かに、丸太から角材を切り出す際に、なるべく無駄が少ないように切り出そうとすると、角材の一辺と丸太の直径の比が白銀比になります。

一説には、白銀比を日本に定着させたのは聖徳太子だと言われています。実際、彼が建立《こんりゅう》した法隆寺の五重の塔や伽藍《がらん》配置には白銀比が随所に盛り込まれています。また、目盛りに$\sqrt{2}$が登場する差《さ》し金《がね》（曲尺《まがりがね》）が使われ始めたのも聖徳太子の時代です。

黄金比には対数螺旋に代表されるようなダイナミックな美しさがあるのに対し、白銀比は質素と堅実さを良しとする日本人の感性にマッチする、合理的な美であると言えるかもしれません。

現代の我々にとって、最も身近な白銀比はコピー用紙やノートでお馴染みのA判とかB判とか呼ばれる用紙サイズでしょう。どちらも横と縦の比が1：$\sqrt{2}$に

白銀比

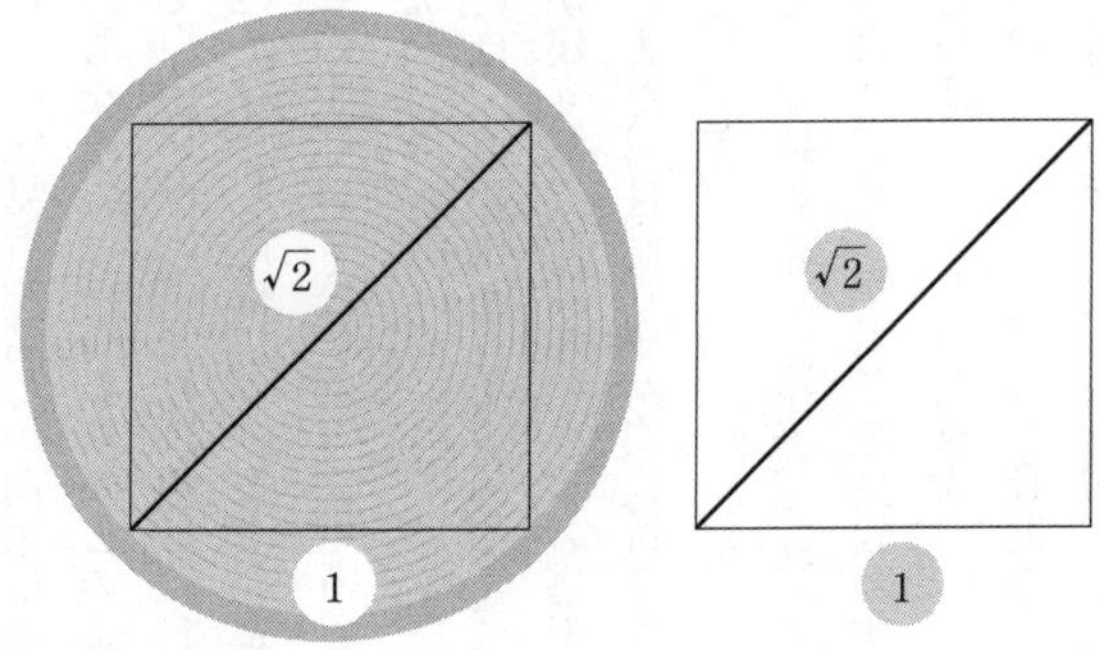

なっており、何度半分に折ってもこの比率は変わりません。

横と縦の比が1：$\sqrt{2}$の白銀比になっている長方形のことを、ルート長方形と言うことがあります。A3をB4に縮小コピーしてもきちんと収まるのは、どちらもルート長方形になっていて相似だからです。

A判として最大のA0判は、面積が1㎡になるように定められています。一方のB判として最大のB0判の面積は1・5㎡です。

ほかにも、東京スカイツリーの全高と第2展望台の高さの比率が

ルート長方形

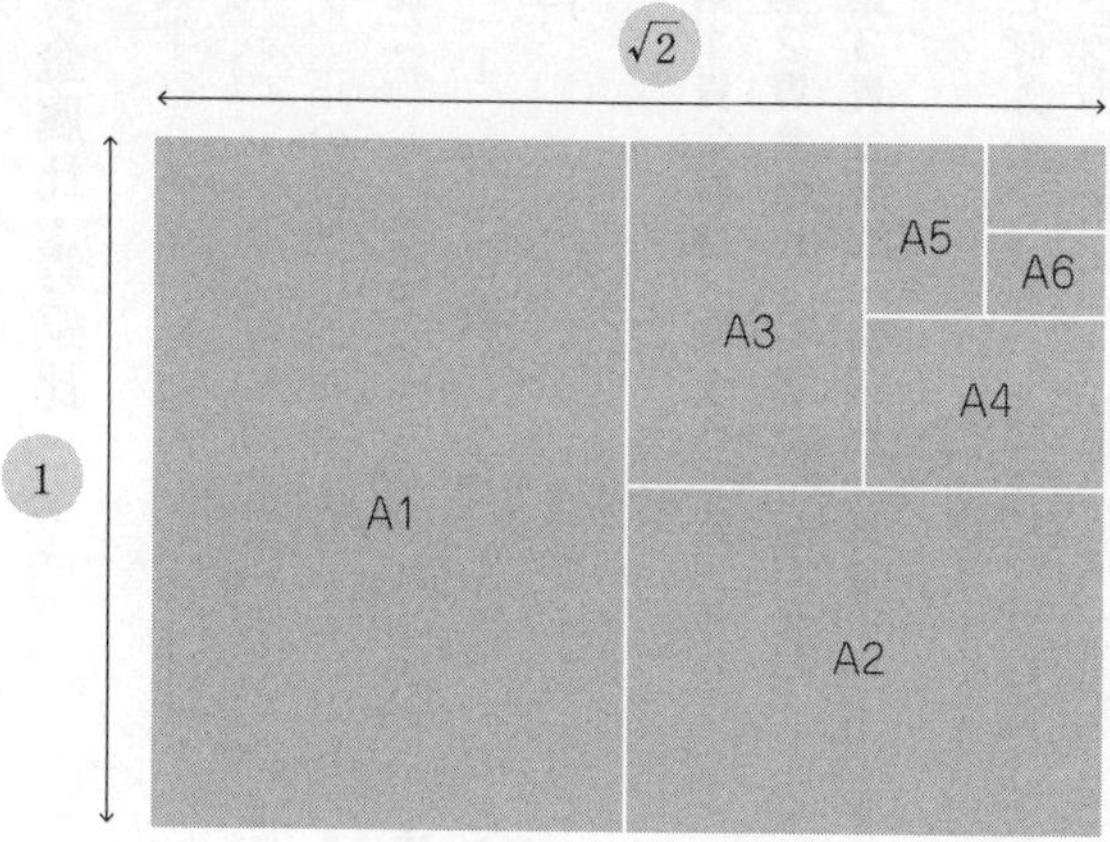

ほぼ白銀比であることや、ドラえもんやアンパンマン、キティちゃんといった可愛らしいキャラクターの多くに白銀比が使われていることなども知られています。仏像や生け花にも使用例は多いようです。

さらにデザイン上の美とはやや趣向が違いますが、「五・七・五」の俳句にも白銀比の近似値（約５：７）が含まれているのは偶然ではないと考える人もいます。

◆貴金属比・青銅比

数学寄りの話になってしまいますが、一般に次頁の図の自然数nを含む２次方程式の正の解とその逆数（分母と分子をひっくり返した数）の差は、nの値によらず、正の整数になります。しかも$n=1$のときは、古代より好まれてきた黄金比に等しくなることから、次頁の図の２次方程式の正の解を**第n貴金属数**と言い、「１：貴金属数」で表される比のことを貴金属比と言うようになりました。

特に、

第１貴金属比…黄金比（近似値は１：１・６１８）

第２貴金属比…白銀比（近似値は１：２・４１４）

第３貴金属比…青銅比（近似値は１：３・３０３）

と呼ぶのですが、ここでいう白銀比は１：$1+\sqrt{2}$であり、先ほど見ていた１：$\sqrt{2}$の白銀比とは比率が違います。そこで、第２貴金属比の白銀比とは区別

貴金属比

n が自然数のとき

$x^2-nx-1=0$ の正の解

⬇

$$\frac{n+\sqrt{n^2+4}}{2}$$ ：第 n 貴金属数

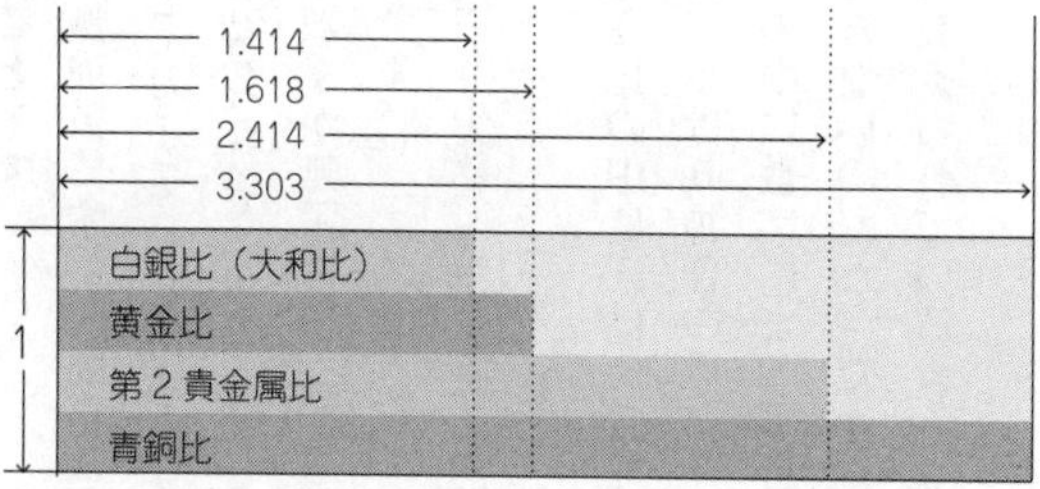

するために、日本古来の1：$\sqrt{2}$の白銀比のことは大和比《やまとひ》と呼ぶこともあります。

第2貴金属比の白銀比や第3貴金属比の青銅比が、デザイン等に使われている例は多くありません。ただ、青銅比はWebサイトのヘッダー等に使われることはあるようです。

ところで、これまでにご紹介した「美しい比」にはすべて$\sqrt{2}$や$\sqrt{5}$といったいわゆる無理数が絡んでいることは、とても興味深いと私は思っています。

無理数と言うのは、分数で表す

ことのできない数のことです。

たとえば円周率は無理数です。円周率は2021年8月の時点で小数点以下62兆8318億5307万1796桁（ちなみにこの桁数は円周率を2倍した数にちなんでいます）まで計算されていますが、この計算には終わりがありません。小数点以下に不規則な数字が無限に続くからです。言わば円周率は正確な値が絶対にわからない数なのです。

同じように$\sqrt{2}$や$\sqrt{5}$も小数で表すと、小数点以下に不規則な数字が無限に並びます。

人間が美しいと思う比の中に、はっきりとはその値がわからない無理数が含まれているというのは、やはり神様のイタズラのような気がしてなりません。

私達人間が「美」の中に数字による裏打ちを発見したとしても、その実体を完全に捉えることはできないのだと、だからこそ「美」は追い求めるのに足る魅力を持ち続けるのだと教えられているような気持ちになります。

4時限目のまとめ

◇音楽

弦の長さの比が2：1…完全8度（1オクターブ）

弦の長さの比が3：2…完全5度

弦の長さの比が4：3…完全4度

1オクターブ上の周波数…2倍

オーケストラのチューニング…440ヘルツ

平均律で半音上の周波数…$\sqrt[12]{2}$倍

◇美しい比

黄金比（近似値）…1：1.618

フィボナッチ数列…

1,1,2,3,5,8,13,21,34,55……

白銀比（大和比）…1：$\sqrt{2}$

A0判の面積…1㎡

B0判の面積…1.5㎡

コラム

[黄金比の計算]

黄金比の正確な値を算出する問題はかつて灘高校の入試に出題されたことがあるくらいですから、決して易しくはありませんが、どういう計算で$\frac{1+\sqrt{5}}{2}$という複雑な値になるのかを知りたい方のために、解説させていただきます(∽は相似の記号)。

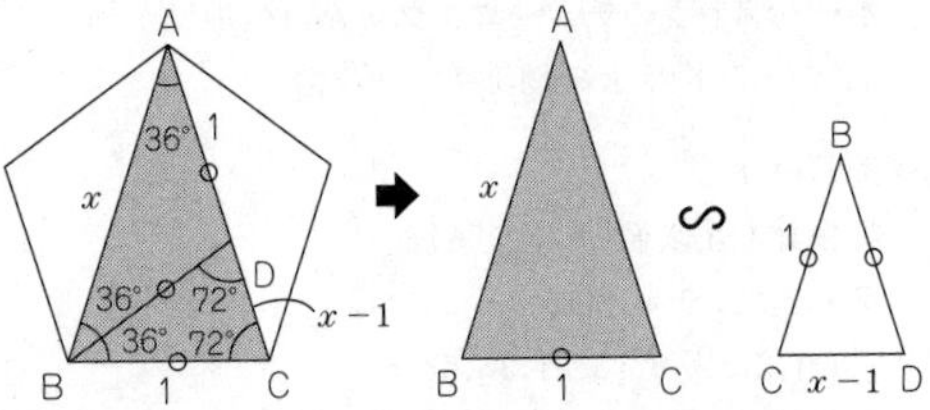

上図のように、正五角形の中に二等辺三角形を作ると、頂角が36°、底角が72°になるため、BDを∠ABCの二等分線とすると、△ABC∽△BCDになります。

よって、AB=x、BC=1とすると、AB:BC=BC:CDから、

$$x:1=1:x-1 \quad \Rightarrow \quad x(x-1)=1\times1 \quad \Rightarrow \quad x^2-x-1=0$$

ここで2次方程式解の公式を利用すると、

$$x=\frac{-(-1)\pm\sqrt{(-1)^2-4\cdot1\cdot(-1)}}{2}=\frac{1\pm\sqrt{5}}{2}$$

です。$x>0$なので、

$$x=\frac{1+\sqrt{5}}{2} \Rightarrow \mathrm{BC}:\mathrm{AB}=1:x=1:\frac{1+\sqrt{5}}{2}$$

第3部

技術篇

5時限目　数字を比べる

◆割り算の2つの意味

大人の算数・数学の学び直しについて講演をさせていただくとき、私はよくこんなお願いをします。

「お手元の紙に○を6個書いてください。そして6÷3＝2という割り算を、6個の○を使って表現してみてください」

すると、結果は2つのグループに分かれます。

ひとつのグループは次頁の（A）のように、6個の○を2つずつ3つに分けます。もうひとつのグループは（B）のように、6個の○を3つずつ2つに分けます。たいてい（B）の方が少数派です。

割り算の2つの意味

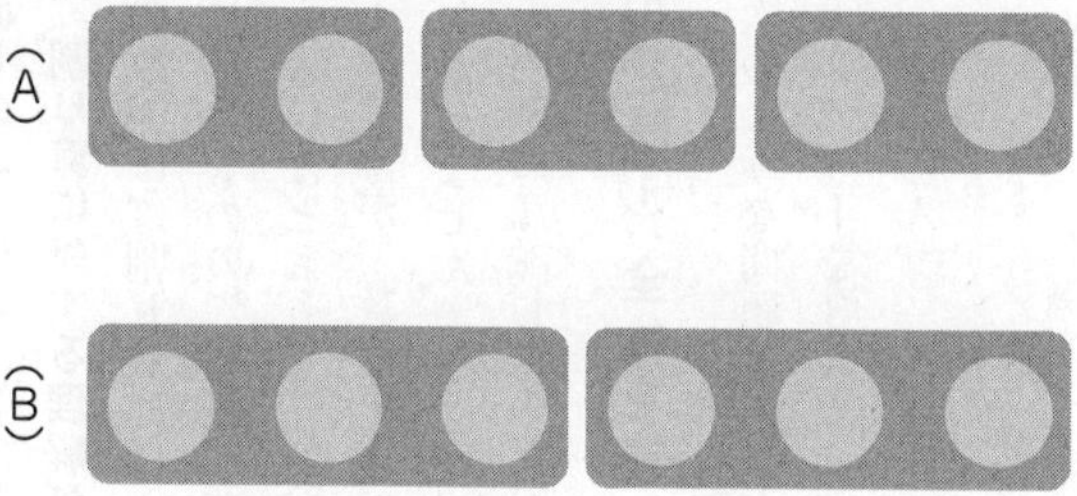

これはどちらかだけが正解というわけではありません。両方とも正しく「6÷3＝2」を表現できています。なぜなら割り算には2つの意味があり、（A）と（B）はそのそれぞれを表しているからです。

数字が苦手と言っても、足し算、引き算、掛け算の意味がわからない、イメージが湧かないという人はそう多くありません。**一方、割り算に対しては、割る数と割られる数の判別や、計算結果の意味するところがよくわからないと感じている人が多いのです。**

これまで多くの大人の方の算数・

数学の学び直しのお手伝いをしてきた経験から言わせていただくと、**数字に弱い人の大半は、割り算に対する理解が不十分だと思います。**

その最大の原因は、割り算には2つの意味があるということを（言われれば確かにそうだとは思うものの）明確に意識できていないことにあるようです。

第1部にも書いたとおり、「比べることができる」のは数字に強い人になるための条件の1つですが、数字を比べるためのツールである分数も比も割合も割り算の理解が欠かせません。そこで、「技術篇」の最初に、割り算には2つの意味があることを明確に意識していただき、割り算を攻略したいと思います。

◆割り算の意味①：全体を等しく分ける（等分除）

たとえば次のような問題があるとします。

「6個のキャンディーを3人で分けると、1人はいくつもらえますか？」

この場合、もちろん、

6÷3＝2

等分除

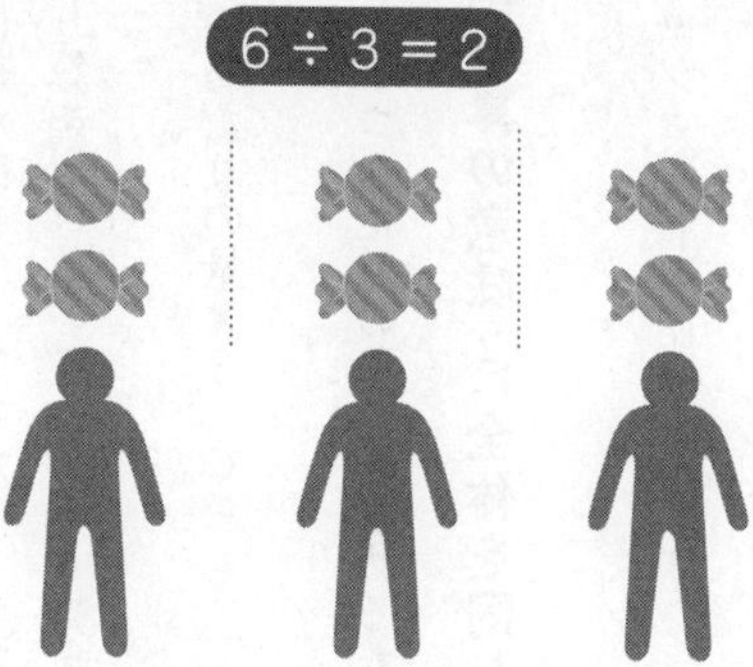

6個を3等分して1人あたり2個

の計算から「1人は2個もらえる」とわかるわけですが、この計算は「**6個のものを3等分すると、1人あたり2個になる**」という意味です。

　このように全体をいくつかに等しく分ける割り算のことを「等分除《とうぶんじょ》」と言います。

　こうした言葉を知らなくても、割り算を行うにあたっての支障は特にありません。

　でも、思考の方法に名称を付けることは、実は重要です。たとえば初《はつ》詣《もうで》の混雑について「昨年も今年も1月2日の午後は空《す》いていたから、毎年1月2日の午後は空いているのだろう」という考え方が、具体例から一般的法則を推定する「帰納《きのう》」であることを知っているのと知らないのとでは、思考の確実性に差が出ます。**ですから、ぜひ「等分除」という言葉は覚えてください。**

割り算を掛け算の逆の計算と捉えるならば、等分除の考え方は、

1つあたりの量×3＝6

の**「1つあたりの量」を求めるための計算**であると考えることもできます。

◆割り算の意味②：全体を同じ数ずつに分ける（包含除）

次に、

「キャンディーが6個あります。3個ずつ袋に入れると、何袋作れるでしょうか？」

という問題があったとします。今度も、

6÷3＝2

という同じ計算から「2袋できる」とわかります。このときの計算の意味は**「6個のものを3個ずつに分けると、2つになる」**というものです。あるいは**「6個は、3個が2つ分である」**という言い方もできるでしょう。

このように全体を同じ数ずつに分ける割り算のことを「包含除《ほうがんじょ》」と言います。この言葉も覚えてくださいね。

先ほどと同じように掛け算の逆として考えるなら、包含除の考え方は、

3×いくつ分＝6

のように、「1つあたりの量」を3としたときの**「いくつ分」を求める計算**であると言うことができます。たとえば68÷17のような割り算を筆算や暗算で行うとき、頭の中は「68の中に17はいくつ入るかな（17がいくつ分かな）？」と考え、「68は17が4つ分だから、68÷17＝4」と結論するでしょう？　**これは包含**

包含除

$6 \div 3 = 2$

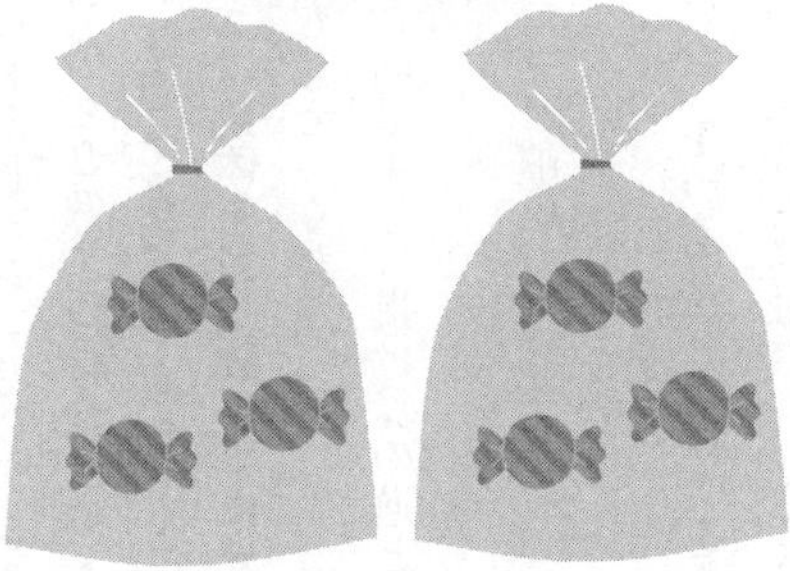

6個は3個が2つ分

割り算の2つの意味

$a \div n = p$

（A） **a** 個を **n** 等分すると、1つは **p** 個である ➡ 等分除

（B） **a** 個を **n** 個ずつに分けると、**p** 個になる ➡ 包含除
（a個はn個がp個分である）

除の考え方そのものです。

くどいようですが、大切なのは割り算には2つの意味があることをしっかりと認識し、それぞれの名称も頭に入れた上で、割り算を行うたびに等分除なのか包含除なのかを判断する癖をつけることです。

◆等分除か包含除か

ここでは練習として割り算が登場する公式をいくつか取り上げ、それぞれが等分除なのか包含除なのかを考えてみましょう。ちなみに例題の計算式はすべて「6÷3＝2」です。

練習①「距離÷時間＝速さ」

例題：6㎞の道のりを3時間かけて一定の速さで歩いたときの時速を求めなさい。

解説：「時速」は1時間で進む距離のことですから、3時間で歩いた距離6㎞を3等分すれば、1時間で歩いた距離が求められます。よって、この計算は「等分除」です。

練習②「距離÷速さ＝時間」

例題：6㎞の道のりを時速3㎞で進むと何時間かかるかを求めなさい。

解説：6㎞は1時間で進む距離3㎞の2つ分なので、2時間だとわかります。よって、この計算は「包含除」です。

練習③「合計÷個数（人数）＝平均」

例題：3人の点数が2点、1点、3点のとき、3人の平均点を求めなさい。

解説：平均とは、文字通り平らに均《なら》すことです。そのためには3人の点数の合計6点を3等分すればいいですね。よって、この計算は「等分除」です。

練習④「質量÷密度＝体積」

例題：ある物質の質量を測ったら6gでした。この物質の密度は3g／㎤であることがわかっています。この物質の体積を求めなさい。

練習①〜④

練習①

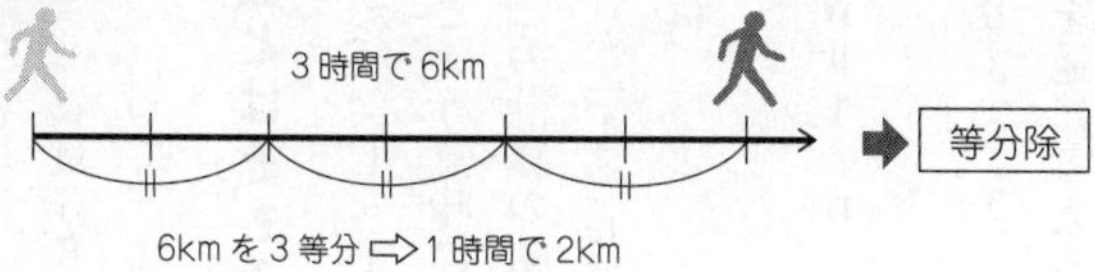

練習②

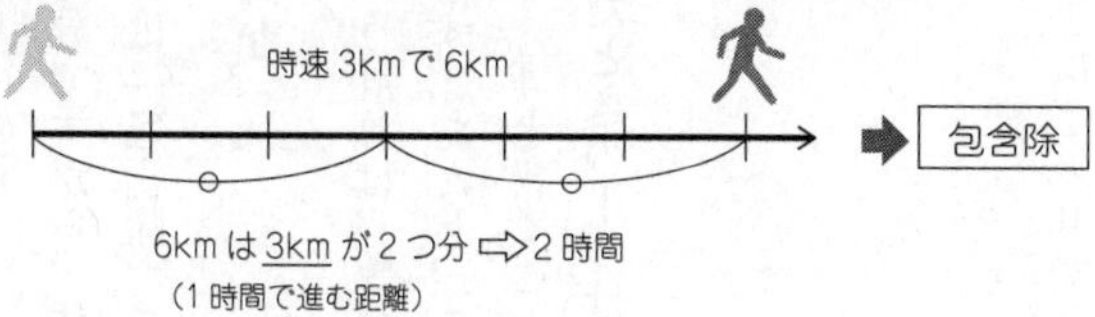

練習③

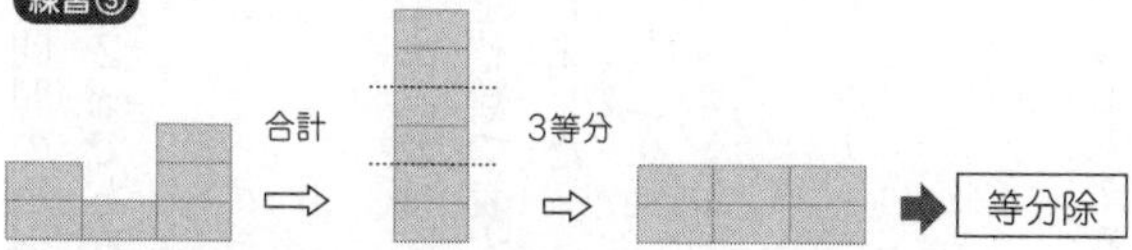

練習④

解説：密度は1㎤あたりの質量です。この問題の場合、6gは1㎤あたりの質量3gの2つ分ですから、体積は2㎤であることがわかります。よって、この計算は「包含除」です。

◆分数とはそもそも何か

たとえば「1÷4」という計算は、等分除で考えれば「1を4等分したときの1つ」という意味になります。ただし、これを整数で表すことはできません。そこで、この計算の結果を1／4と書くことにしました。

つまり、「1をn等分したときの1つは1／n」です。

式では、

1÷n＝1／n

となります。

以上を逆に考えると、「1は1／nがn個分」と考えることもできます。これ

分数

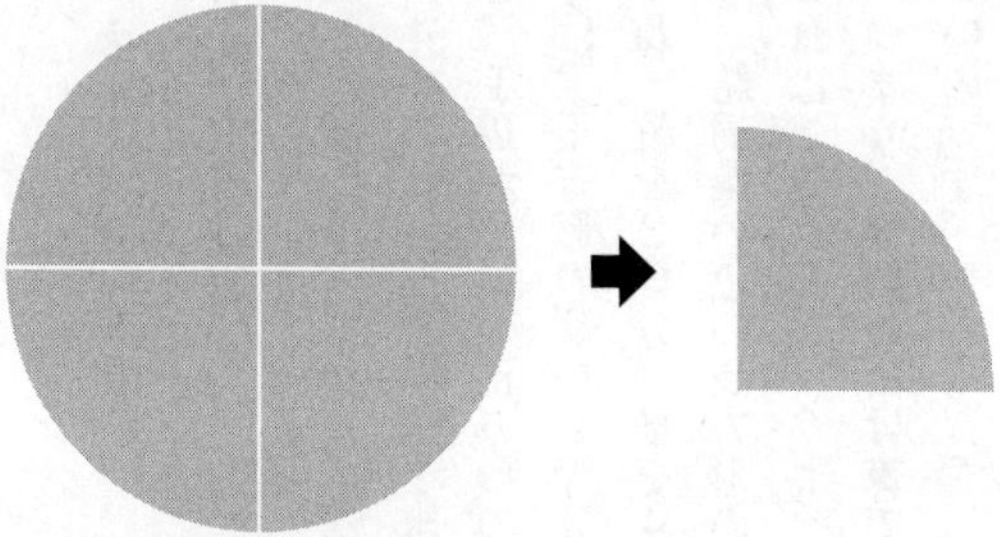

$$1 \div 4 = \frac{1}{4}$$

分数の掛け算

$$\frac{1}{2} \times \frac{3}{4} = \frac{1 \times 3}{2 \times 4} = \frac{3}{8}$$

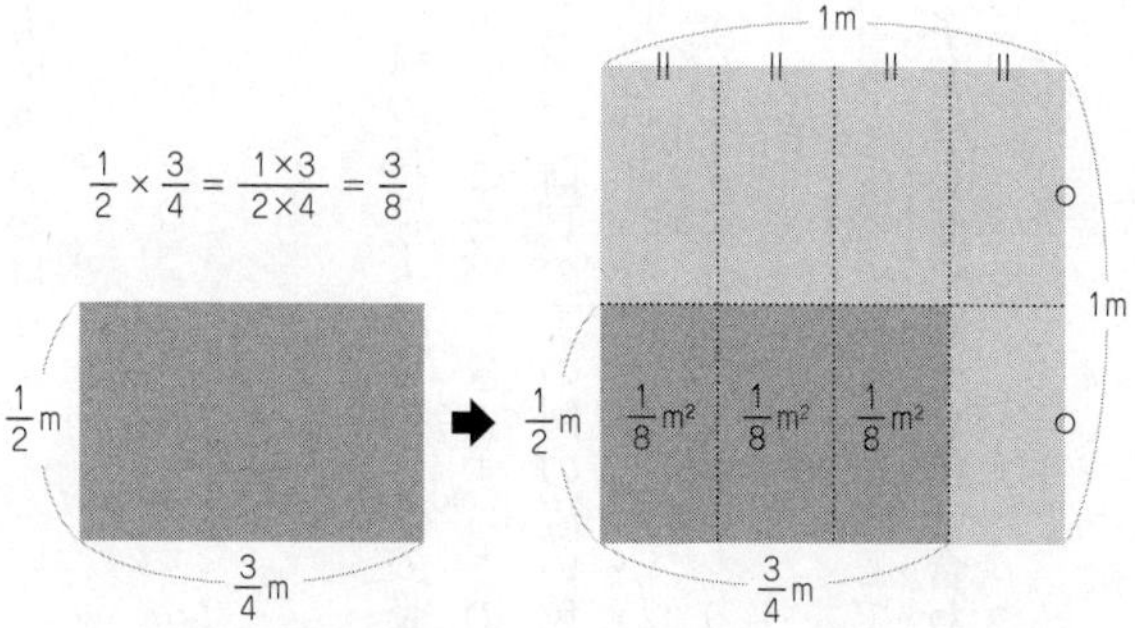

はまさに包含除ですから、次のように書くこともできるわけです。

1÷（1／n）＝n

◆分数の掛け算

たとえば（1／2）×（3／4）の計算は、縦の長さ1／2m、横の長さが3／4mの長方形の面積を求める計算であると考えることができます。この長方形を、1辺が1mの正方形の中に入れてみましょう。前頁の下の図の濃い色の長方形は、正方形の縦を2等分、横を4等分した長方形3つ分であることがわかりますね。縦を2等分、横を4等分すると正方形全体を8等分したことになりますから、結局濃い色の長方形の面積は1／8が3つ分で、3／8㎡です。

これは、（1／2）×（3／4）＝3／8と計算していいことを示唆しています。つまり、**分数の掛け算では分母どうしと分子どうしをそれぞれ掛け合わせればいい**のです。

◆割り算記号の起源

ここで（今更ではありますが）割り算を表す記号の起源を紹介したいと思います。

割り算を表す記号（除算記号と言います）としてよく使われるのは「÷」「／」「:」の3種類です。

①「÷」について

「÷」は主に英語圏や日本語圏で使われている記号で、分数表記を次頁の図のように抽象化したものが起源だと言われています。17世紀の中頃にスイスで考案され、その後イングランドのアイザック・ニュートンなどが好んで使ったことから、広く一般にも使われるようになりました。

②「／」について

「／（スラッシュ）」は17世紀初頭にイギリスで考案され、除算記号としては

割り算記号の起源

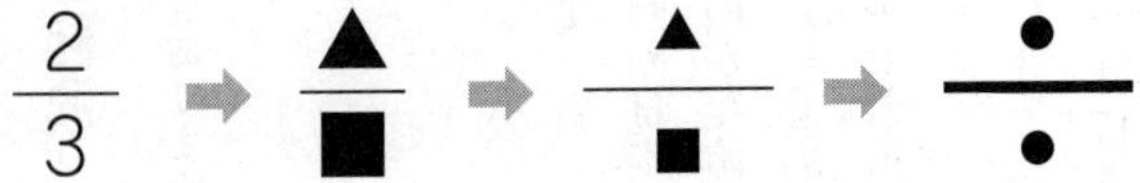

「÷」よりも歴史が古いのです。現在でもほとんどのプログラミング言語では、除算記号として「／」が使われています。

③「：」について

「：（コロン）」は17世紀の終わり頃に、ドイツのゴットフリート・ライプニッツが割り算を表す記号として使ったのが最初だと言われています。ドイツでは現在でも割り算の記号として使われていますが、他の国では「比」を表す記号として使われるのが普通です。

◆分数の割り算

「1÷n＝1／n」であることを使えば、次頁のように考えることで、

A÷B＝A／B

であることがわかります。これは先ほど紹介した「÷」の起源を考えても、ごく直感的な表し方になっていますね。

これを分数÷分数の計算にも応用してみると、「分数の割り算はひっくり返して掛ける」理由もはっきりします。ポイントは、分数÷分数を1つの分数で表した後に、分母を1になるように変形することです。

このように考えると分数の割り算では、割る数（m／n）の逆数（n／m）を掛ければいいのがわかりますね。**これで、子どもに「なんで分数の割り算はひっくり返して掛け算するの？」と聞かれても大丈夫です。**

割り算と分数の関係

$$A \div B = A \times 1 \div B = A \times \frac{1}{B} = \frac{A}{B}$$

すなわち $\boxed{A \div B = \frac{A}{B}}$

分数の割り算（逆数の掛け算になる理由）

$$A \div B = \frac{A}{B}$$ より

$$\frac{a}{b} \div \frac{m}{n} = \frac{\frac{a}{b}}{\frac{m}{n}}$$

$$= \frac{\frac{a}{b} \times \frac{n}{m}}{\frac{m}{n} \times \frac{n}{m}}$$

$$= \frac{\frac{a}{b} \times \frac{n}{m}}{1}$$

$$= \frac{a}{b} \times \frac{n}{m}$$

$$0.125 \times 56 = \frac{1}{\cancel{8}_{1}} \times \cancel{56}^{7} = 7$$

$$93 \div 0.75 = 93 \div \frac{3}{4} = \cancel{93}^{31} \times \frac{4}{\cancel{3}_{1}} = 124$$

◆計算を助ける約分と「逆」約分

上図のように、掛け算や割り算においては、小数を分数に直してから計算した方が簡単な場合が少なくありません。言うまでもなく分数の計算では約分が使えるからですね。

　このようなことをさっと行えるようにするために、いくつかの小数については分数表示を暗記することをお勧めします。次頁の図を見ながら、ぜひこの機会に覚えてください。

　またこれに関連して、分母が5、25、１２５、６２５の分数は、それぞれ分母と分子に2、4、8、16を掛けることで、分母を10、１００、１０００、１００００に変えることができて計算が楽になります。この言わば「逆」

暗記すべき小数と分数の対応

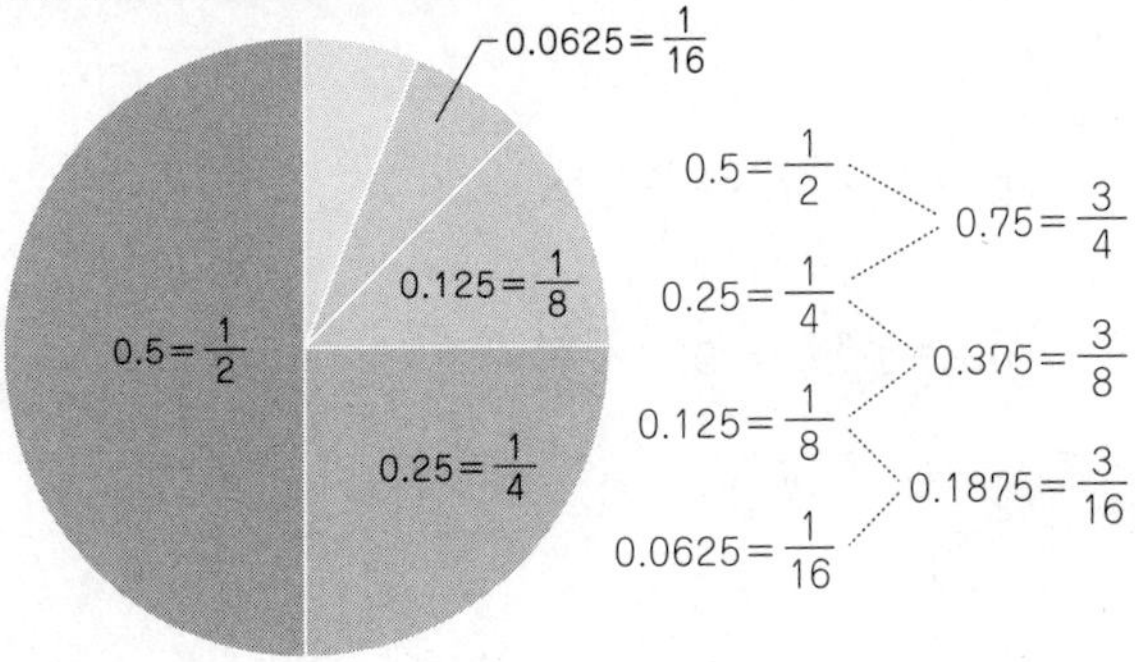

逆約分

$$11 \div 5 = \frac{11}{5} = \frac{11 \times 2}{5 \times 2} = \frac{22}{10} = 2.2$$

$$9 \div 25 = \frac{9}{25} = \frac{9 \times 4}{25 \times 4} = \frac{36}{100} = 0.36$$

$$7 \div 125 = \frac{7}{125} = \frac{7 \times 8}{125 \times 8} = \frac{56}{1000} = 0.056$$

$$3 \div 625 = \frac{3}{625} = \frac{3 \times 16}{625 \times 16} = \frac{48}{10000} = 0.0048$$

約分は、暗算のテクニックでもあります（暗算については6時限目にまとめます）。

◆割合と比

さあ、いよいよ本丸です。老若男女を問わず苦手な人が多い割合の解説に入ります。まずは教科書的な定義から。

【割合の定義式】比べられる量÷もとにする量＝割合

例として、

「定価240円の商品の原価は80円です。原価の定価に対する割合を求めなさい」

という問題を考えます。

割合を苦手にしている人が多いのは、割合の定義が少々わかりづらいからだと思います。「比べられる量」とか「もとにする量」という日本語が今ひとつ熟《こな》れていないのかもしれません。そこで、本書では大胆に、

比べられる量→～は（主語）

もとにする量→〜の（修飾語）

割合→どれくらい（述語）

と読み替えてしまいます。そうすると割合の定義式は、

比べられる量÷もとにする量＝割合

〜は　　　　〜の　　　　どれくらい

となります。**「割合」というのは「どれくらい」のことなんだ、という理解は特に重要です。**このようにすると先ほどの問題は、

80円（原価）は240円（定価）のどれくらい？

と解釈することができて、このまま式にすれば、

80円÷240円＝1／3（＝0・333……）

AのBに対する割合

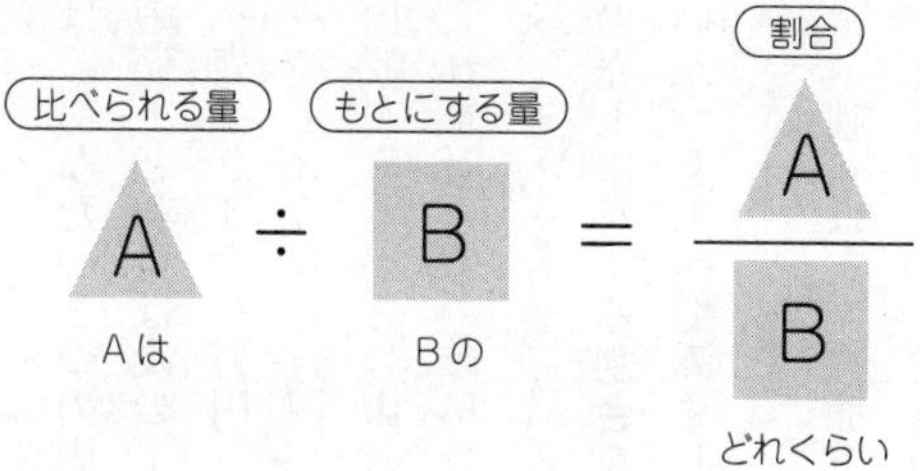

と答えが出ます。

本書は縦書きのため、これまでに登場した数式は読みづらい部分もあったかと思いますが、こと割合に関しては縦書きの方が直観的です。

ここでも前述の「÷」の起源を思い起こしていただければ、割合を分数で表すことは、ごく当たり前に感じられるのではないでしょうか。

簡単に言ってしまうと結局、**分数で表した「どれくらい」が割合なのです**（もちろん場合によっては、1／3＝0・333…のように分数〈割合〉の値を小数で表すこともあります）。

◆分数は比べるための最強ツール

たとえば、あなたが2つの店舗を経営しているとしましょう。それぞれの1カ月あたりの売上と利益は次のようになっています。

1号店：売上2400万円　利益480万円
2号店：売上3500万円　利益525万円

単純に比較すると、2号店の方が利益は多いのですが、だからと言って1号店へのテコ入れを考えるのは早計です。1号店と2号店は売上が違うので、単純に利益を比べてもあまり意味はありません。1号店と2号店を正しく比較するには、利益の売上に対する**割合を考える必要**があります。すなわち「利益は売上のどれくらいか」を調べてみましょう。

利益は　売上の　どれくらい
1号店：480万円÷2400万円＝480／2400＝**20／100**
2号店：525万円÷3500万円＝525／3500＝**15／100**

利益の割合

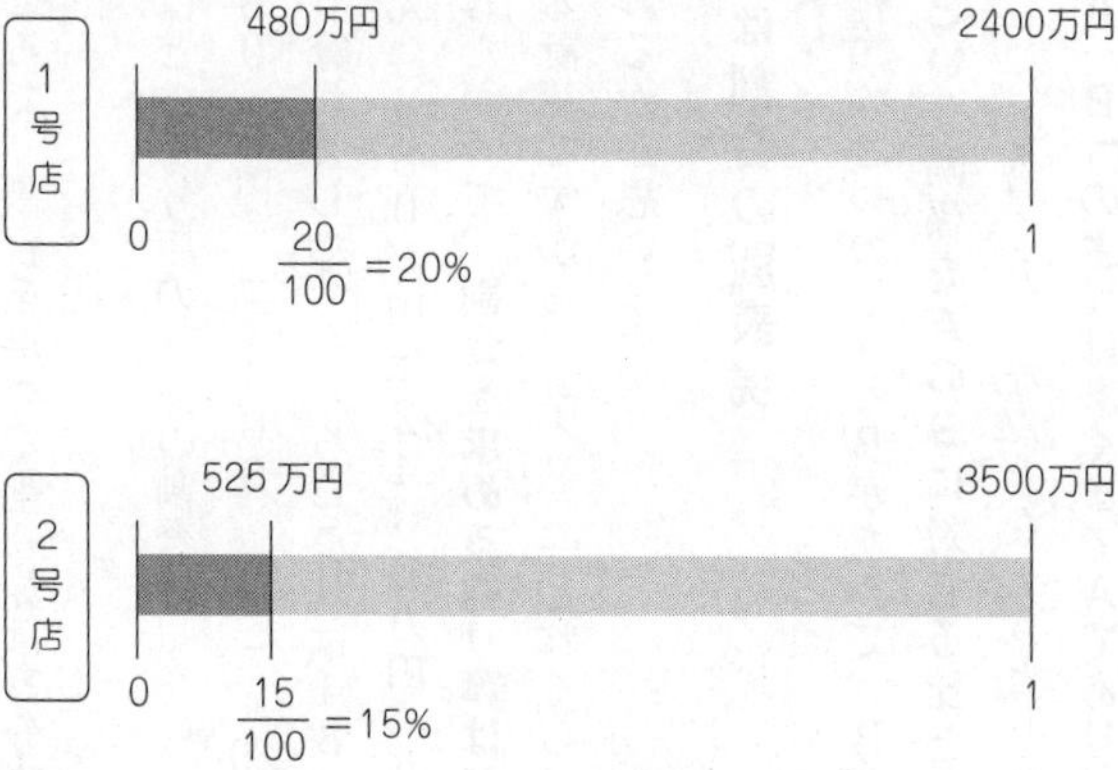

このようにすると、利益の割合は、1号店は20％、2号店は15％であることがわかります（割合が「a／100」のとき、これをa％と表します。このような割合の表し方を**百分率**と言います）。テコ入れすべきは2号店の方だったのですね。

割合というのは、全体の量を1にそろえて、注目する数字を正しく比較できるようにしたものだと言うこともできます。だからこそ割合を比べることには意味があるのです。**数字を比べたいときは、まず割合を計算するようにしましょう。**

ところで、割合を求める割り算は等分除でしょうか？　それとも包含除でしょうか？

先ほどの1号店の利益の割合は、

480（万円）÷2400（万円）＝20／100

と計算しました。もちろんこれは480を2400等分しているわけではありません。480万円は2400万円の0・2個分（20／100）という意味です。したがって、**割合を求める割り算は包含除です。**包含除は「いくつ分か」を求める計算ですから、割合を「どれくらい」と読み替えることもより納得していただけるかと思います。

◆比は割合の別表現

同種類の2つの量AとBがあって、Bがゼロでないとき、**AはBの何倍にあたるかという関係をAのBに対する比**と言い、これを**「A：B」**と記します。「A：B」と書くと、なんとなくAとBを同等に感じる人が多いと思います。**でも「A：B」の主役はあくまでAであり、Bはその比較対象に過ぎません。**

一方、AのBに対する割合は、AはBのどれくらいかを表したものでしたね。すなわち、**比は割合の別表現**なのです。

186頁でもご紹介したとおり、ドイツでは「A÷B」のことを「A：B」と表します。「A÷B＝A／B」ですから「A：B＝A／B」と表すのは、ごく自然なことです。

意外に思われるかもしれませんが、分数に比べて比はずっと古い歴史を持っています。比の理論は古代ギリシャのユークリッドが著した『原論』の中でも詳しく議論されていますし、近世ヨーロッパに至るまで比は分数の代わりに使われ続けました。

日本の学校では「A／B」を、A：Bの比とは異なる概念として教えますが、歴史的にはそれほど明確な区別はなかったと言えるでしょう。

◆比例式と「分数計算のトライアングル」

比「A：B」と比「C：D」が等しいとき、**「A：B＝C：D」**と表し、これを比例式と言います。比例式において重要なのは、**「A：B＝C：D」ならば**

「AD＝BC」という、いわゆる**「外項の積＝内項の積」**が成立することですが、これに比の値を絡めることで**分数計算の極意**を会得してしまいましょう。

次頁の図にあるように比例式から比の値どうしの等式①を導き、これを式変形することで②式と③式を導きます。ポイントは、この後D＝1とすることです。そうすると下の**「分数計算のトライアングル」**が得られます。

この分数計算のトライアングルにおいて、①〜③の3つの式を自由に行き来できるようにすること、それこそが**分数計算の極意**です。「自由に」というのは、毎回真面目に式変形するのではなく、視覚的にサッと変形できるようにするという意味です。

特に①↔②ではBが「＝」をまたいでCの横に飛んでいったり、Aの下に付いたりするイメージ、①↔③ではBとCが交換できるイメージを持ってください。

分数計算や割合（比）が得意な人と苦手な人の差は、この「分数計算のトライアングル」が頭に入っているかどうかだと言っても過言ではありません。ぜひこの機会に身につけてしまいましょう。

分数計算のトライアングル

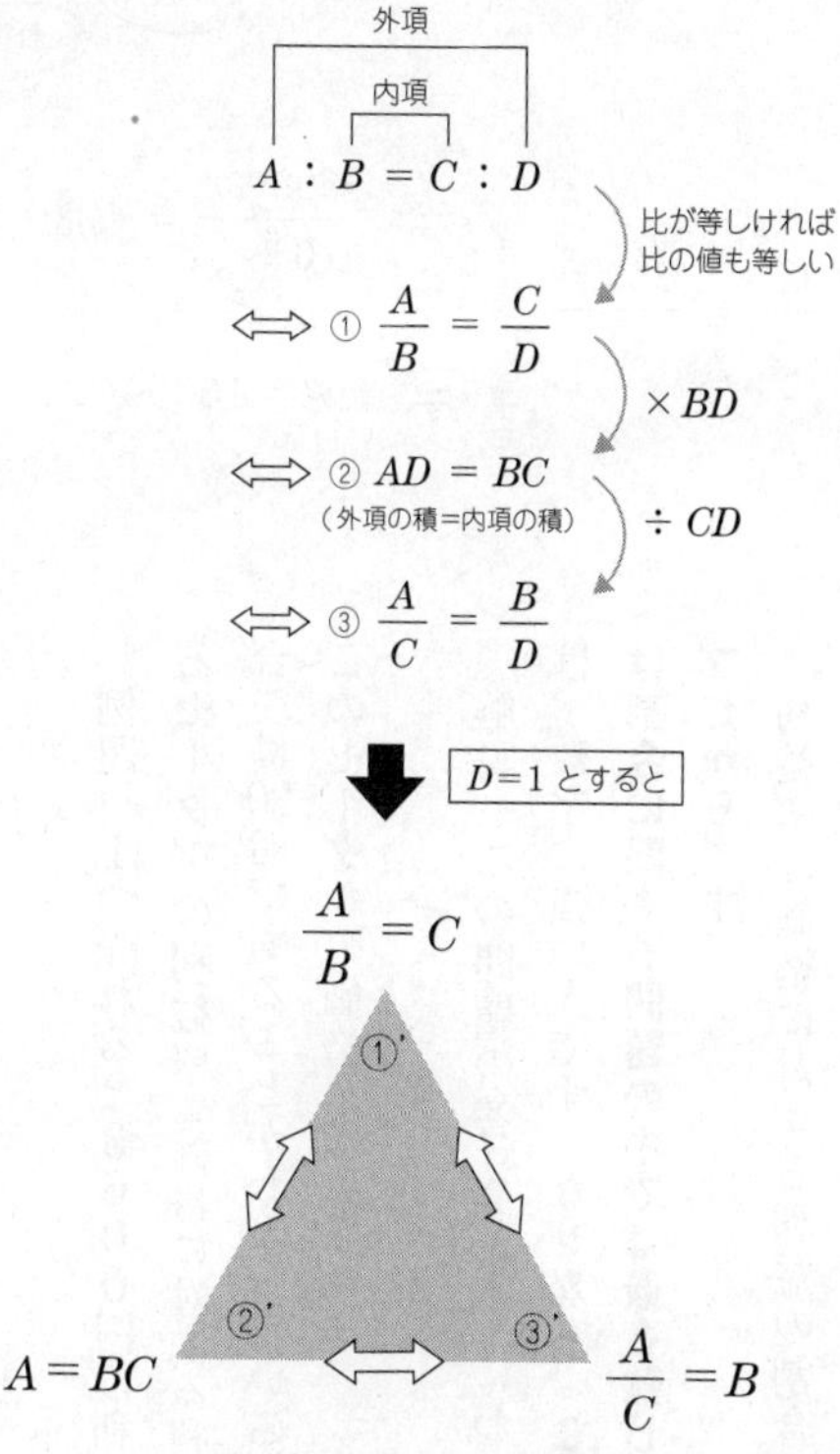

分数計算のトライアングル

$$\frac{利益}{価格} = 利益率 \iff \frac{3600(円)}{価格} = 0.2$$

入れ替え

$$\iff \frac{3600(円)}{0.2} = 価格$$

$$\frac{3600}{0.2} = \frac{36000}{2}$$

$$\iff 価格 = 18000(円)$$

次に、上図の例題を考えましょう。

例題：1つ売れると3600円の利益が出るセーターの利益率（価格に対する利益の割合）は20％であることがわかっているとき、このセーターの価格を求めなさい。

解説：この問題の答えがすぐにわかる人は、数字に強い人です。**なぜなら、この問題は割合に関する問題の中では最も難しいタイプだからです。**

利益率は価格に対する利益の割合なので「利益は価格のどれくらいか？」と考え、「利益÷価格＝利益率」と式を立てられるでしょう。「利益／価格＝利益率」と書けることもわかるはずです。

しかし、ここで止まってしまうかもしれません。なぜなら「分数計算のトライアングル」が頭に入っていないと、分母が未知数である問題は、紙に書いて地道な式変形をしないと答えが出せないからです。でも「分数計算のトライアングル」が頭に入っていれば、①↔③の変形を行うことで、前頁の図のようにすぐに答えが出せます。これなら暗算できる人も少なくないでしょう。

政府や民間が行っている学力調査の類を見ると、分母を答えさせる問題は正答率が目立って低いことが多いのです。「食塩水÷食塩＝濃度」ならば、食塩の量を求めさせる問題、「合計÷個数＝平均」ならば、個数を求めさせる問題が、これに当たります。本書でも180頁で挑戦してもらった練習④は、他の3問より難しく感じませんでしたか？　これも「質量÷体積＝密度」を変形して体積を求めさせる問題だったからです。

でも「分数計算のトライアングル」さえ頭に入っていれば、もう難しく感じることはありません。

◆単位量あたりの量

金融アナリストのデービッド・アトキンソン氏の著書『新・所得倍増論』には、

・日本は「GDP世界第3位」の経済大国
　↓1人あたりGDPは世界第27位
・日本は「ノーベル賞受賞者数世界第7位」の文化大国
　↓1人あたりノーベル賞受賞者数は世界第39位
・日本は「夏季五輪メダル獲得数世界第11位」のスポーツ大国
　↓1人あたりメダル獲得数は世界第50位

などの数字が紹介されていて、随分驚きました。

確かに従業員100人の会社の利益が1億円である場合と、従業員10人の会社の利益が１億円である場合とでは、その意味がまるで違ってきます。やはりその場合は、従業員１人あたりの利益を考えるべきでしょう。

２つのほとんど品質の変わらないペットボトルのお茶を売っていて、ひとつは５００mlで１６５円、もうひとつは６００mlで１８０円だった場合、単に安い方の５００mlの方に飛びつくと損をしてしまいます。１mlあたりの値段で比べると前者が０・３３円で、後者は０・３円ですから、後者の方がお得です。

◆単位量あたりの大きさの求め方

このように、１人あたりとか１mlあたりとかの値のことを**「単位量あたりの大きさ」**と言います。一般に単位量あたりの大きさは、次の計算式で求めます。

比べる量÷単位にしたい量＝単位量あたりの大きさ

（例）

力÷面積＝圧力（１㎡あたりの力）

年間の支出÷稼働日数＝1日あたりの支出
イベントの総売上÷来場者数＝来場者1人あたりの売上

◆割合と単位量あたりの大きさの違い

割合と違って、単位量あたりの大きさを求める割り算は等分除です。先ほどの500mlで165円のお茶の、1mlあたりの値段を出す計算は、「165÷500」によって165円を500等分していると考えられるからです。

割合を求める割り算は、同じ単位を持つものどうしで行います。これに対して、単位量あたりの大きさを求める割り算は、違う単位を持つものどうしで行います。言い換えれば、割合は全体を1に揃えて比べるための数字であり、単位量あたりの大きさは、対象を1単位あたりの大きさに換算して比べるための数字です。

◆プレゼンでも活躍する「単位量あたりの大きさ」

故スティーブ・ジョブズ氏が、圧倒的な説得力をもって全世界の聴衆を魅了した、プレゼンテーションの達人であったことはよくご存じでしょう。彼は200

8年のマックワールド（アップル社製品の発表や展示が行われるイベント）で、初代iPhoneが発売から200日間で400万台売れたことを紹介しました。「400万」というのはすごい数字ではありますが、数が大きすぎるとなかなかイメージが湧きづらいのも事実です。400万も40万も4000万もあまり印象が変わらないと言う人は意外と多いかもしれません。もちろん彼もそんなことはよくわかっています。**だからこそすぐ後に「これは毎日2万台のiPhoneが売れている計算になる」と続けました。**

400万÷200日＝1日あたり2万台

という非常に簡単な計算によって「単位量あたりの大きさ」を示したに過ぎませんが、これによってiPhoneがいかによく売れているかが多くの人の頭に強く残ったことでしょう。

このように特に大きな数字が意味するところを伝えたいときには「単位量あたりの大きさ」は大変有効です。

演習

◇問1 易

A社は昨年の売上が50億円でした。今年は昨年に比べて10%の売上増だったそうです。A社の今年の売上はいくらですか？

◇問2 易

夏のボーナスが昨年は40万円、今年は50万円でした。何%増加しましたか？

◇問3 並

毎年行われているあるイベントの来場者数が、今年は3500人でした。これは昨年の来場者数の70%にあたります。昨年の来場者数を答えなさい。

◇問4 難

ある商品について、原価の25%の利益を見込んで定価をつけました。このとき損をしない（原価割れしない）ためには、定価の何%まで値引きできますか？

◇問5 並

2つの商品A、Bがあります。今年、2つの商品の売上は同じでした。Aの売上が昨年に比べて2割増、Bの売上は昨年に比べて3割減であるとき、昨年のAとBの売上を簡単な比で表してください。

◇問6 易

2016年の婚姻件数は 62万531組でした。この数の大きさが実感できるような「単位量あたりの大きさ」を考えてください。

◇問7 並

1TB《テラバイト》＝1000GB《ギガバイト》の情報量をわかりやすく伝える方法を考えてください（方法だけで結構です）。

※解答・解説は207～211頁

演習の解答・解説

◇問1の答え　55億円

[解説]

「今年は昨年に比べて10％の売上増」とあるので、今年の売上は昨年の(100+10)％＝110％です。

「今年の売上は、昨年の売上のどれくらい？」と考えて(191頁参照)、

今年(の売上)÷昨年(の売上)＝110％

$$\Rightarrow \frac{\text{今年}}{\text{昨年}} = \frac{110}{100}$$

ですね。**「分数計算のトライアングル」**(199頁)から、

$$\frac{A}{B} = C \Leftrightarrow A = BC$$

なので、これを使って次のように計算します。

$$\frac{\text{今年}}{\text{昨年}} = \frac{110}{100}$$

$$\Leftrightarrow \text{今年} = \text{昨年} \times \frac{110}{100}$$

$$\Leftrightarrow \text{今年} = 50 \times \frac{110}{100} = \frac{5500}{100} = \mathbf{55}\textbf{(億円)}$$

◇問2の答え　25%

[解説]

「今年のボーナスは昨年のボーナスのどれくらい?」と考えて、

今年(のボーナス)÷昨年(のボーナス)=割合

$$\Rightarrow 50 \div 40 = \frac{50}{40} = \frac{5}{4} = 1.25 = \frac{125}{100} = 125\%$$

よって、増加したのは、

$125 - 100 = \mathbf{25}(\%)$

◇問3の答え　5000人

[解説]

「今年の来場者数は昨年の来場者数のどれくらい?」と考えて、

今年(の来場者数)÷昨年(の来場者数)=70%

$$\Rightarrow \frac{今年}{昨年} = \frac{70}{100} = 0.7$$

ですね。**「分数計算のトライアングル」**を使えば、

$$\frac{A}{B} = C \Leftrightarrow \frac{A}{C} = B$$

なので、これを使って次のように計算します。

$$\frac{今年}{昨年} = 0.7 \Leftrightarrow \frac{今年}{0.7} = 昨年$$

$$\Leftrightarrow 昨年 = \frac{3500}{0.7} = \frac{35000}{7} = \mathbf{5000(人)}$$

◇問4の答え　20%

[解説]

「25%の利益を見込んだ定価」というのは、「定価は原価の125%」という意味です。「定価は原価のどれくらい？」と考えて、

$$定価÷原価=\frac{125}{100} \Leftrightarrow \frac{定価}{原価}=1.25$$

$\frac{A}{B}=C \Leftrightarrow A=BC$　を使って、

$$\frac{定価}{原価}=1.25 \Leftrightarrow 定価=原価\times 1.25$$

ここで原価の定価に対する割合（原価は定価のどれくらい？）を考えましょう。

$$原価÷定価=割合 \Leftrightarrow \frac{原価}{定価}=割合$$

より、

$$割合=\frac{原価}{原価\times 1.25}=\frac{1}{1.25}=\frac{1\times 8}{1.25\times 8}=\frac{8}{10}=80\%$$

です。つまり原価は定価の80%ですから、損をしないギリギリの値引きは、

100－80=**20（%）**

です（定価が原価の25%増しだからと言って、25%まで値引きできると勘違いしないように気をつけましょう）。

◇問5の答え　7:12

［解説］
問題文より、

（昨年の）Aの2割増=（昨年の）Bの3割減

⇔ A×1.2＝B×0.7

これを**「外項の積＝内項の積」だと思う**ことがポイントです。そうすれば以下のように比がわかります。

A×1.2＝B×0.7　⇔　A:B＝0.7:1.2＝**7:12**

◇問6の答え　1日あたり約1700組

［解説］
いくつかの方法が考えられますが、たとえば**1年の日数（365日）で割ってみれば、1日あたりの婚姻件数**が求められます。

620531÷365＝1700.08……

より、2016年は**1日あたり約1700組**のカップルが結婚したことがわかります。

◇問7の答え(例)　DVD1枚分の情報量で割る

[解説](203頁より)

比べる量÷単位にしたい量＝単位量あたりの大きさ

$$\Leftrightarrow \frac{\text{比べる量}}{\text{単位にしたい量}} = \text{単位量あたりの大きさ}$$

です。**「分数計算のトライアングル」**を使うと、

$\frac{A}{B} = C \Leftrightarrow \frac{A}{C} = B$　なので

$$\Leftrightarrow \frac{\text{比べる量}}{\text{単位量あたりの大きさ}} = \text{単位にしたい量}$$

となります。たとえば「単位量あたりの大きさ」として**「DVD1枚あたりの情報量」で割れば、1TBがDVD何枚分に相当するかがわかります。**

ちなみにDVD1枚あたりの情報量は4.7GBなので、

$$\frac{1000}{4.7} = 212.76\cdots\cdots$$

より、1TBの情報量はDVD約213枚分です。

6時限目 数字を作る

◆概算と誤差

よく知られた小話をひとつ紹介させてください。

ある博物館の警備員は、訪れた人に、

「ここの恐竜の化石はどれくらい古いものなのですか？」

と聞かれました。すると警備員は、

「8000万と3年前（80000003年前）のものです」

と答えます。

「なぜそんなに細かくわかるのですか？」

「だって、私が3年前にここの仕事に入ったとき、この骨格は8000万年前のものでしたから」

もちろん警備員が答えた端数の「３」には何の意味もありません。

出土した化石の年代を知るには、化石や出土した地層に含まれる放射性同位体の量を測定する、いわゆる「放射年代測定法」を中心にいくつかの方法を複合的に組み合わせて行いますが、その結果には必ず測定誤差が含まれます。

これは周知の事実であるため、前頁の小話で警備員の答えた端数の「３」が、誰にとっても莫迦《ばか》莫迦しく感じられるわけです。

普通の定規の最小目盛は１㎝の10分の１、すなわち０・１㎝（＝１㎜）です。この定規を使って、たとえば自分の髪の毛の長さを測った場合、それが18・５４３２１㎝だと言うのはデタラメですね。なぜなら測定値として信頼できるギリギリの数値は、最小目盛（０・１㎝）の10分の１（０・０１㎝）程度だからです。

中学・高校の理科の教科書にも「実験では最小目盛の10分の１までを目分量で読みとる」と記されています。ということで、先の髪の毛の長さを18・５４㎝と主張することはできるわけですが、小数第2位の「４」には自信が持てないと言う人は少なくないでしょう。

そこで18・54cmと測定されたときの真の値は「18・535cm以上18・545cm未満」であると考えるのが普通です。**すなわち測定値として与えられた最小の桁の数字は、それよりも1つ小さな位を四捨五入した結果であると考えます。**

いわゆる誤差には、このような測定の際に生じる測定誤差のほかに、計算の途中で生じてしまう計算誤差や統計的処理で生じる統計誤差（標準誤差）等があります。

光速（131頁）のように値そのものが厳密に定義されていたり、円周率のように定義によって値が定まったりする場合を除き、**世の中のすべての数値は誤差を含んでいると考えてください。**

◆有効数字と科学的表記法

測定値や計算値等において信頼できる数字のことを**有効数字**と言い、有効数字の桁数を**有効桁数**と言います。先の髪の毛の例における有効数字は18・54（cm）であり、この場合有効桁数は4桁です。

ここで、末尾の数字は（その1つ下の位を四捨五入した値であるため）誤差を含んでいる（測定値が18・５４cmなら、真の値は18・５３５cm以上18・５４５cm未満であると考えるのでしたね）ことに注意してください。

数値が小数点以下まで続く場合は、有効桁数がわかりやすいのであまり問題にならないのですが、「８０００万年前の化石」のように整数で与えられた数値は、その有効桁数がわかりづらいという欠点があります。

そこで理系の世界では８０００万＝８００００００００（0が7個）のことを、その有効桁数に応じて、

8×10^7（有効数字１桁）

8.0×10^7（有効数字２桁）

8.00×10^7（有効数字３桁）

のように表します。このような表記を**科学的表記法**と言います。

一般に**「$m \times 10^n$」**の形で表される科学的表記法において、**mの桁数が有効桁数を表します。**

この表し方は、有効数字の桁数がわかるだけでなく、特に大きな数字の場合には10^nの**nによって全体が何桁の数であるかもわかる**ので、慣れると大変便利です。

また、エクセルや関数電卓で計算結果の桁数が多いとき、あるいは財務省などが発表している統計資料等において「1・23E＋8」のような表記を見たことはありませんか？　ここで「E＋8」は「10^8」という意味です。すなわち、

1・23E＋8＝1・23×10^8＝123000000（1億2300万）

です。

◆有効数字の計算

有効桁数が違う数どうしの計算についても見ておきましょう。

ここでは例として、有効数字が3桁の1・23と、有効数字が2桁の4・5の足し算と掛け算を考えます。それぞれ末尾の数「3」と「5」は、誤差を含むこ

計算結果の有効桁数

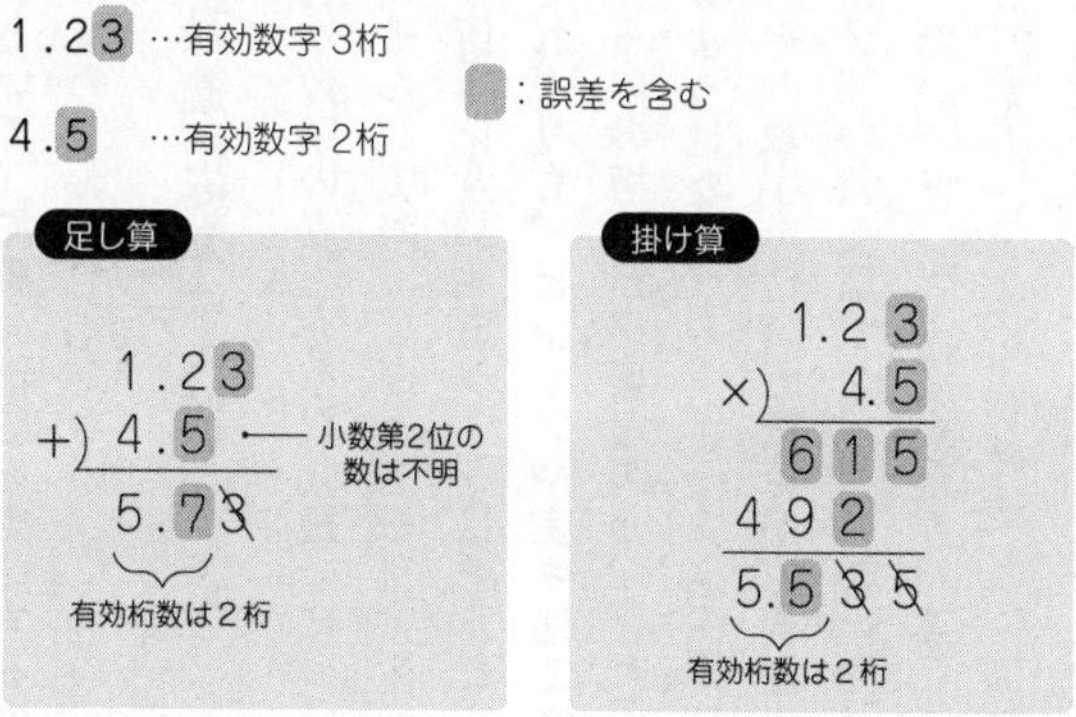

とに注意してください。

上図の計算からもわかるとおり、足し算においては、有効数字の末尾の数の位が高い方（この場合は4・5の小数第1位）までしか意味がありません。**結果として得られるのは有効数字が2桁の数です。**引き算についても同じことが言えます。

掛け算においては、誤差を含む数どうしの和や積は信用できないことを考えると、**結果はやはり有効数字が2桁の数になります。**割り算についても同様です。

一般に計算結果の有効数字は、有効桁数が少ない方と同じ桁数になります。

結局、有効数字の桁数が異なる数の計

算において、結果の精度を支配するのは、一番精度が低い数字です。このことは心に留めておいてください。

◆「最適桁数」は1桁

有効数字の表し方や取り扱いについて、文系の方はあまり馴染みがないかもしれません。実際、ビジネスや日常生活において誤差の程度を考慮した上で有効数字の桁数を意識するシーンはそんなに多くないでしょう。

それよりも、ビジネスや実生活で重要なのは、今行われている議論の中ではどれくらいの桁数が必要なのか、どれくらいの精度が求められているのかを判断できるようになることです。その場に応じて言わば**「最適桁数」**を瞬時に弾き出し、その数字を使って概算ができることの意味は小さくありません。

第2部の教養篇でケインズの「私は正確に間違うよりも、むしろ漠然と正しくありたい」という言葉を紹介しました（85頁）。また、東京大学名誉教授の畑村洋太郎先生も、ベストセラーとなった『数に強くなる』（岩波新書）の中で、「倍・半分は許される。ケタ違いはいけない」と書かれています。

細かい数字がわからないからと言って尻込みするくらいなら、「ケタさえ間違わなければ構わない」と肚《はら》を据えて、概要を捉えられる方がずっと素晴らしいとおっしゃっているわけです。

大胆に言ってしまえば、未知なる世界の数字を見積もる際の「最適桁数」は1桁です。

たとえば、あなたはこれからワインに関するビジネスを始めるかどうか検討するために、1世帯あたりのワインの年間購入量（単位はml）をざっと見積もりたいとしましょう。

ワインボトルの容量は普通750mlですが、今、最適桁数は1桁なので、ワインボトル1本あたりの容量は800ml（8.0×10^2ml）とします。次に1世帯が1年間に購入するワインの本数を考えましょう。

毎月1本買うとすれば年間で12本ですが、レストランでは飲むけれど家ではワインは買わないという世帯や、そもそもアルコールの類を一切買わないという世帯も少なからずあるでしょうから、ここは（適当に）年間5本ということにしてみましょう。そうなると、1世帯あたりのワインの年間購入量は、

800×5＝4000（ml）

と予想されます。

ちなみに財務省の家計調査（平成26〜28年平均）によると、全国平均は334mlなので、4000mlという見積もりは「ケタ違い」ではありません。また、もしワインボトル1本あたりの容量を知らなくても、1000ml程度であることは予想がつくでしょう。その場合は、

1000×5＝5000（ml）

ですが、やはり「ケタ違い」ではないので、これも良い見積もりと言えます。

もちろんあなたがこれからワインに関連するビジネスを本格的に始めるのなら、さまざまな統計資料を詳しく調べ、ワイン購買に関するマーケティングを正しく行う必要があります。

でも、議論・検討の入口で「1世帯あたりの年間ワイン購入量は数千ml」という見積もりが、1~2分で立てられることは有意義であると思いませんか？　**これこそが「最適桁数は1桁」の概算を行って数字を作る醍醐味です。**

◆大きな数の捉え方

桁の多い数を表すときは、3桁ごとにコンマ（,）をつけます。これは英語がthousand（千）、million（百万）、billion（十億）、trillion（一兆）、quadrillion（千兆）と3桁ごとに呼称を変えるからです。ちなみに「bi-」「tri-」「quadr-」は、それぞれ「2つ」「3つ」「4つ」を表す接頭辞です。

一方、日本では万、億、兆と4桁ごとに呼称を変えるので、コンマ表記を読みづらく感じている方もいらっしゃるかもしれません。**コンマの付いた桁の多い数を素早く読むコツは、コンマ2つ（10^6：0が6個）を百万と覚えてしまうことで**す。

そしてコンマごとに百万、十億、一兆と呼称を変えながら百→十→一と数詞に付く数字が1桁ずつ小さくなっていくことを知っていれば、「一、十、百、千、万

大きな数の読み方

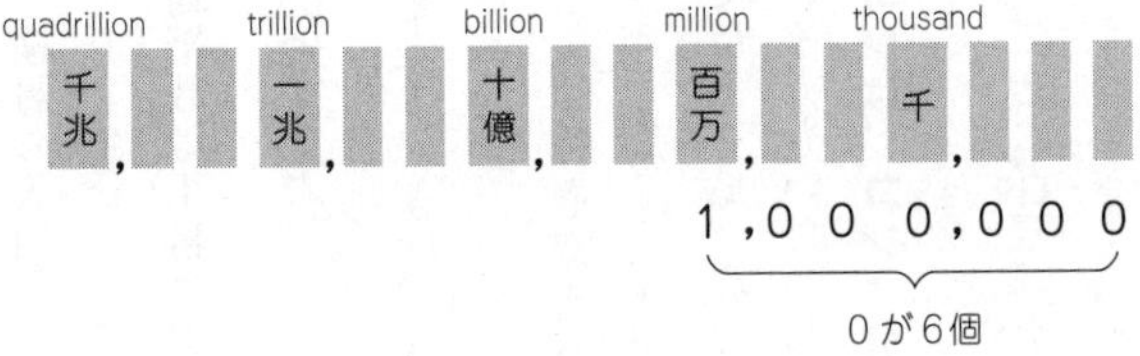

……」と指折り数える必要はなくなります。**また、百万の百万倍（$10^6 \times 10^6 = 10^{12}$）が一兆であると記憶するのも有効です。そうすれば、コンマ4つ（0が12個）で一兆だとすぐにわかります。**

数詞を用いて数を表す方法のことを**命数法**と言いますが、西洋の命数法には大きく分けてshort scaleと呼ばれるものとlong scaleと呼ばれるものの2種類があります。現在、英語圏では3桁ごとに呼称が変わるshort scaleが主流です。ただし、イギリスでは6桁ごとに呼称を変えるlong scaleが使われていた時期もありました。そのため、今でもイギリスではbillionが1兆を表すこともありますので注意してください（この場合、trillionは百京《けい》〈10^{18}〉になります）。

ところで、大きな数の大きさを実感することは決して簡単ではありません。前節では「単位量あたりの大きさ」を使って大きな数のイメージを伝える方法について紹介しましたが、ここではもう少しダイレクトな方法で、**100万という数の大きさを実感してみましょう。**

100万円の札束を思い浮かべてください。実際には見たことがなくても、テレビドラマ等では目にしたことがあるでしょう。あの100万円の札束の厚さは約1㎝です。当然、100万円は1万円札が100枚ですが、もし1万円札が1000万枚（1000億円分）あったとしたら、厚さはどれくらいになるでしょう？

100枚で1㎝ですから、100万枚では、

1000000÷100＝10000（㎝）＝100（m）

［科学的表記法では10^6÷10^2＝10^4（㎝）＝10^2（m）］

になりますね。ビルの1階分の高さはおおよそ3mです（116頁）から、100mはだいたい33階建てのビルの高さに相当します。100万枚という数の大きさが、少しは実感できたでしょうか？

さらにイメージを膨らませるために確率でも考えてみましょう。100万枚の1万円札の中に1枚だけ偽札を紛れ込ませます。100万分の1の確率というのは、33階建ての高さに積み上げられた1万円札の束の中から、わずか1枚だけを適当に引き抜いたら、それがたまたま偽札であるという確率です。こちらの方が、100万という数の大きさを実感できるかもしれません。

ちなみにジャンボ宝くじの1等が当たる確率は、おおよそ1000万分の1です。

◆フェルミ推定

これからご紹介するフェルミ推定というのは、簡単に言ってしまえば「だいたいの値」を見積もる手法のことです。

先ほども申し上げたように、「最適桁数（多くは1桁）」の数字を使ってさっと概算ができる能力はビジネスパーソンにとって非常に重要です。これができれば、周囲はあなたを「数に強い人」だと評価してくれることでしょう。「フェルミ推定」という言葉を聞いたことがある人は少なくないと思います。特に最近ではGoogleやゴールドマン・サックスをはじめ企業の就職試験の面接問題として、フェルミ推定の問題がよく出題されるため、注目を集めるようになりました。

実際に多くの企業で、東京にはマンホールがいくつあるか?とか、中国における紙おむつの市場規模はどれくらいであるか?とか、ボーイング747機にはゴルフボールがいくつ詰め込めるか?といった問題が出されています。

企業はこの種の問題を出題することによって、就職希望者の素早い判断力と現実世界の問題に対して「数字を作る能力」を測っているわけです。

「フェルミ推定」という言葉は、2004年に出版されたスティーヴン・ウェッブ著『広い宇宙に地球人しか見当たらない50の理由――フェルミのパラドックス』（青土社）の中で初めて使われたと言われています。

フェルミ推定という名称の由来になったのは、「原子力の父」として知られるノーベル賞物理学者エンリコ・フェルミ（1901〜1954）です。理論物理学者としても実験物理学者としても目覚ましい業績を残したフェルミは、「だいたいの値」を見積もる達人でもありました。初期の原爆実験の最中、衝撃波が通り過ぎる際、小さな紙切れを数枚落とし、爆風に舞う紙切れの軌道から衝撃波の強さを概算で弾き出したこともあったとか。

彼がシカゴ大学で行った講義の中で、学生に出した**「シカゴにはピアノ調律師は何人いるか？」**という問題は大変有名です。

私が学生だった頃、フェルミ推定という言葉こそありませんでしたが、理系学生にとっては、実験を行うに際して最初に「おおよそこれくらいの値になるだろう」という予測を立てる能力は必須でした。なぜなら、その予測に基づいて実験に必要な精度を考えるからです。また、予想した「だいたいの値」とはケタ違いの値が結果として得られた場合には、「あり得ない＝実験方法に不備があった」

と判断できたり、あるいは仮説の段階では思いもよらなかった真実の発見に繋がったりします。これが有益であることは言うまでもありません。

フェルミが物理学科の学生に対して「シカゴのピアノ調律師の人数」を問いかけたのは、物理の世界で生きていくのなら、このような推定ができる能力は非常に重要である、というメッセージだったのでしょう。

勘違いしないでいただきたいのですが、**ここでの目的は正確な値（本当の人数）を出すことではありません。**シカゴのピアノ調律師の人数を正確に把握したいのなら、シカゴピアノ調律師協会（という組織があるかどうかは知りませんが……）的なところに問い合わせて確認すれば済むことです。

大切なのは、このような問題に対して「わかるわけがない」と匙《さじ》を投げるのではなく、少ない知識と推定量を使って論理的に「だいたいの値」が求められるかどうかです。

◆フェルミ推定の方法

「シカゴの調律師の人数」を見積もるフェルミ推定については、拙著『初歩からわかる数学的ロジカルシンキング』（SCCブックス）等に書きましたし、ネットで検索すればすぐにいくつかの解答例を見つけられると思いますので、本書では、

「人の細胞の総数はいくつか？」

という問題を考えてみたいと思います。

①仮説を立てる

「人の体は細胞で埋め尽くされていて、人の体の体積＝細胞1個あたりの平均体積×細胞の総数」であるという仮説を立てます。

②問題の分解

この問題を考えるために必要な数値は「人の体の体積」と「細胞1個あたりの平均体積」ですが、それぞれを、

- 人の体の体積＝人の体重÷密度
- 細胞1個あたりの平均体積＝細胞の直径の平均の3乗

と考えましょう。

人の細胞の総数を見積もる

人の体の体積

$$70\,(\mathrm{kg}) \div 1\,(\mathrm{kg/L}) = 70\,(\mathrm{L})$$

細胞1個あたりの平均体積

$$\left(\frac{1}{10^5}\right)^3 = \frac{1}{10^{15}}\,(\mathrm{m}^3) = \frac{1}{10^{15}} \times 10^3\,(\mathrm{L}) = \frac{1}{10^{12}}\,(\mathrm{L})$$

$1\,(\mathrm{m}^3) = 1000\,(\mathrm{L})$

細胞の総数をNとすると

$$70\,(\mathrm{L}) = \frac{1}{10^{12}}\,(\mathrm{L}) \times N \iff N = 70 \times 10^{12} = 7 \times 10^{13}\,(\text{個})$$

③既知のデータを活用

成人男性と考えて、「人の体重：70kg」ということにします。

④推定量の決定

推定量その1：人の体の密度

プールでうまく脱力できれば、たいていの人は自然と浮きます。でも溺れてしまうこともあるわけですから、「ギリギリ浮く」と考えていいでしょう。つまり人の体の密度は水の密度とほぼ同じはずです。第2部の3時限目の自然科学において、水1Lは1kgであることを学びましたから、水の密度は1kg／Lです。よって、「人の体の密度も1kg／L」とします。

推定量その2：細胞の直径の平均

ここが一番の難所でしょう。実際、人の細胞の大きさは千差万別なのですが、細胞1個を肉眼で見たことがあるという人はいないと思います。肉眼で見える最も小さい大きさは1㎜の10分の1、つまり1万分の1（10^4分の1）m程度でしょうか。細胞は肉眼では見えませんが、理科の実験などで顕微鏡を使って見たことがある人は多いと思います。顕微鏡の倍率を100倍とすれば、細胞の大きさは1万分の1mよりは小さいけれど、100倍に拡大すればしっかり見える程度でしょう。よって、「細胞の直径の平均は10万分の1（10^5分の1）m」程度ということにします。

⑤総合

以上をふまえて、人の細胞の総数を前頁のように計算します。結果として、人の細胞の総数は7×10^{13}個すなわち70兆個と見積もることができました（0が12個〈10^{12}〉で1兆）。

フェルミ推定の手順

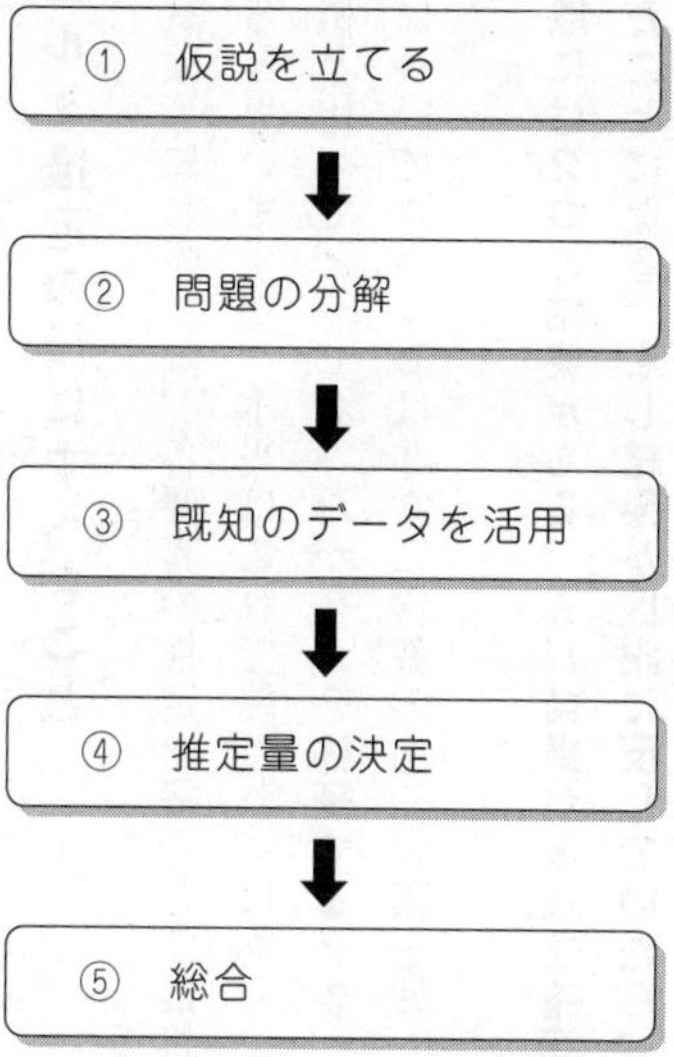

ちなみに人の細胞の総数は長らく約60兆個とされてきましたが、最近の研究では37兆個程度ということがわかってきたようです。いずれにしても70兆個という見積もりはケタ違いではないので、良い見積もりだと言えるでしょう。

◆フェルミ推定の後にすべきこと

入社試験等においては、各要素の推定を総合して最終的な推定値を出すところで終わると思いますが、本当はこれで終わりではありません。本来は最後に「実際の数値と比べてどうであったか？」を**検証する**必要があります。

これについてフェルミは非常に含蓄《がんちく》のある言葉を残しています。

「実験には2つの結果がある。もし結果が仮説を確認したなら、君は何かを計測したことになる。もし結果が仮説に反していたら、君は何かを発見したことになる」

フェルミ推定によって得られる値は、あくまで仮説から論理的に導かれる推定値です。これに対して科学における実験結果は「本当の値」です。この両者を比べたとき、2つがほぼ一致する（ケタ違いにならない）ならば、仮説の正しさを確認することができます。一方、大きく違うようなら、仮説そのものが間違っていた可能性が高いのです。

フェルミ推定における各推定量は当然誤差を含みます。その誤差が積み重なって、（仮説は正しいのに）最終的な結果が大きく違ってしまうという可能性も否定できません。でも通常、**誤差の分は上にズレたり下にズレたりするので、いくつかの推定量を掛けたり割ったりしているうちに、互いの誤差は相殺されてしまうことの方が多いのです。**

フェルミ推定が上達するコツは練習しかありません。本節でも最後に何題か演習問題を用意しますが、ぜひご自分でも「東京の電柱の総数は？」とか「人が一生の間に食べる食事のカロリーの合計は？」などの問題を設定し、どんどん推定してみてください。

そして、もしその推定値が本来の値と大きく違うようなら（後出の問題のように正解を確認しづらいケースもありますが）、仮説を検証してみてください。きっと新しい発見があるはずです。

◆定量的と定性的の意味の違い

ビジネスパーソンなら「定性的にではなく定量的な表現を使いなさい」という意味の言葉を見たり聞いたりしたことがあると思います。あるいは「目標は定量化しなければ実現しない」といった言い回しもよく聞かれます。

端的に言ってしまうと、**定性的というのは「数値・数量で表せないさま」**のことであり、**定量的というのは「数値・数量で表せるさま」**のことです。

たとえば「夏までには今より痩せるぞ！」というのは定性的な表現で、「7月までには今より体重を5kg減らすぞ！」というのが定量的な表現です。

そして、一般には質的にしか表せないと考えられている事柄を、数値・数量で表そうとすることを定量化と言います。

本書では数に強い人が持っている力の1つとして「数字を作ることができる能力」を掲げ、特に本節ではそのための技術をお伝えしているわけですが、**数字を作る力**というのは言い換えれば、**人が定性的に表しがちなものを定量化する力**のことです。

◆定量化に必要な2つのこと

では、物事を定量化するためには何が必要でしょうか？　私は、

- **数字で表そうとする意識**
- **分解する力**

の2つだと思っています。

当たり前といえば当たり前ですが、「数字で表そうとする意識」のない人は定量化を行うことができません。数字が持っている具体性・説得力・論理性といったものを認め、特に合理的な判断や素早い判断が必要なシーンにおいては、数字こそが最強のツールであると心から信じられる人でなければ、そもそも定量化を行おうとはしないでしょう。目の前の課題に対し、なんとか数字で表すことはできないか？と考えるところから定量化は始まるのです。

次に必要なのは「分解する力」です。

ソフトバンク元社長室長の三木雄信《みきたけのぶ》氏の著作『孫社長にたたきこまれた すごい「数値化」仕事術』（PHP研究所）によると、孫社長のソフトバンクでは、

営業利益＝（顧客数×顧客単価×残存期間）－（顧客獲得コスト＋顧客維持コスト）

と考え、「顧客数」「顧客単価」「残存期間」の3つの数字を最大化し、「顧客獲得コスト」「顧客維持コスト」の2つの数字を最小化することで、会社の利益を最大化することを目指しているそうです。営業利益をこのように定量化できたのは、売上とコストをそれぞれ、

売上＝顧客数×顧客単価×残存期間
コスト＝顧客獲得コスト＋顧客維持コスト

と分解できたからです。

これは、フェルミ推定においてもセカンドステップが「問題の分解」であったことに通じます。

たとえば、あなたがある資格試験のために1冊の問題集を仕上げなければいけないとしましょう。

「試験までにこの問題集をものにするために毎日頑張ろう！」

というのは定性的な目標ですから、これを定量的な目標に変換していきます。

まずは当然、問題集の全頁数をチェックします。次に試験までに残された日数にも注目します。それから、試験に合格するためには問題集を1回やるだけでいいのか、それとも複数回やる必要があるのかも検討しましょう。

ここでは2回やる必要があるとします。ただし、2回目にかかる時間は、1回目にかかる時間よりは短いことが予想されますから、1回目にかかる時間と2回目にかかる時間の比を3：2ぐらいに設定するということも考えられます。以上より、

試験までの日数＝1回目にかかる日数＋2回目にかかる日数

1日に勉強する量（1回目）＝問題集の頁数÷1回目にかかる日数
1日に勉強する量（2回目）＝問題集の頁数÷2回目にかかる日数

のように課題を分解できます。仮に試験までの日数が100日で、問題集の全頁数が360頁だとすると、「1回目にかかる日数：2回目にかかる日数＝3：2」より、1回目にかかる日数は60日、2回目にかかる日数は40日ですから、

1日に勉強する量（1回目）＝360÷60＝6頁
1日に勉強する量（2回目）＝360÷40＝9頁

これで、先ほどの定性的な目標は、

「試験に合格するために、この問題集を、1日あたり、1回目は6頁、2回目は9頁進めることを目標にしよう！」

と定量化できます。

問題を分解する、とはこういうことです。

◆モデル化について

定量化にあたってはもう1つ欠かせないスキルがあります。**それはモデル化する力です。モデル化というのは複雑な現象から本質を捉え、単純化することを言います。**

たとえば電車の路線図は典型的なモデル化です。次頁の図のように、路線図は駅を○で表し、駅と駅の間を線で表しています。こうした路線図を見ても、駅と駅の正確な距離はわかりませんし、また駅の規模の大小も無視されています。そういった情報は削《そ》ぎ落とされています。

その代わり、駅と駅との順序関係や、乗り換えの情報は単純化された形でしっかりと反映されています。

モデル化が最も行われているのは自然科学の世界でしょう。たとえば物理では牛が落下しようとも馬が落下しようとも鉄球が落下しようとも、高さが同じであれば、質量を持ち大きさが無視できる点（質点《しってん》と言います）が落下するのと同じだと考えます。

モデル化の例①（路線図）

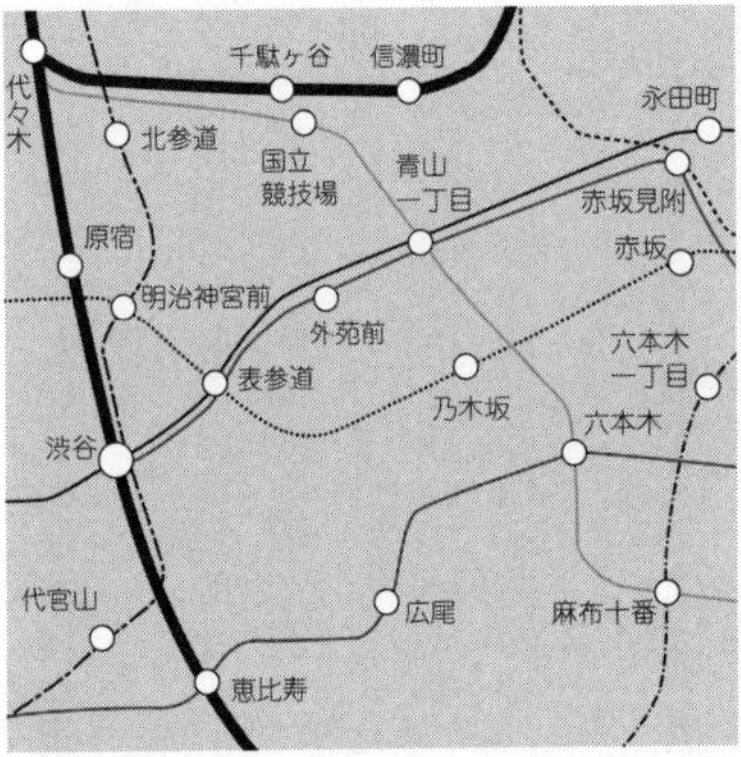

落下の本質は質点で単純化できると考えるからです。

ただし、新聞紙が落下する場合は話が別です。この場合は空気抵抗の影響が無視できなくなるので、質点が落下するという現象でモデル化することはできません。

他の例も見てみましょう。

私は長年、塾で多くの生徒を教えているうちに、伸びる生徒はみな、「誰も助けてくれない」という一種の孤独感と「このままではいけない」という危機感を持っていることに気づきました。ただし、この2つを持っていて努力しても、間違った

モデル化の例②（物体の落下）

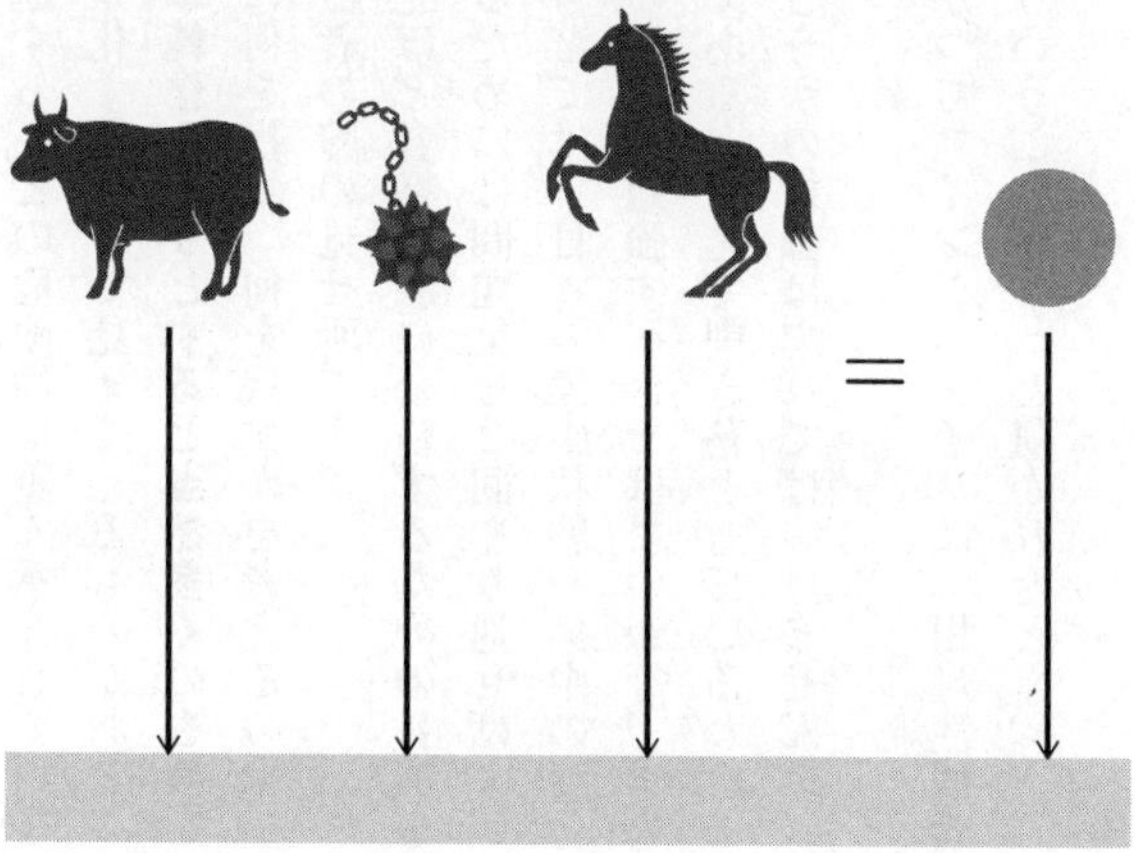

勉強法では空回りしてしまいます。

ですから、学力を伸ばすためには正しい勉強法を欠くことはできません。このことを「数式」を使ってモデル化したものが次の式です（詳しくお知りになりたい方は、拙著『東大教授の父が教えてくれた頭がよくなる勉強法』〈ＰＨＰエディターズ・グループ〉をご覧いただければ幸いです）。

学力の伸び＝（孤独感＋危機感）×勉強法

もちろん一人ひとりの生徒には個性があり、教育の場において画一的に断ずることの危険性は重々承知しています。しかし、このように数式としてモデル化することで見えてくるものがあることも事実です。**ある仮定のもとに対象を単純化しようとすると当然多くのものを削ぎ落とさなくてはいけません。**その際に何を捨て、何を残すかを考えるのは、モデル化を、そして定量化を行おうとする者の腕の見せ所です。

先ほど資格試験に合格するための目標を定量化した際、私は「資格試験に合格するためには問題集を2回やり通せばよい」という仮説を立てました。この仮説のもとでは、日々の健康状態や集中の度合い、環境、あるいはそもそも問題集以外の教材も勉強すべきではないか等、本来は合否に関連しそうな諸々を瑣末《さまつ》なことであると考えて削ぎ落としているわけです。当然、そうしたモデル化が正しいかどうかの検証は忘れてはいけません。

かつてアインシュタインは「相対性理論とは何なのか？　そもそも相対性とはどういうことか？」と訊かれたとき、

「熱いストーブの上に1分間手を載せてみてください。まるで1時間ぐらいに感じられるでしょう。ところが、かわいい女の子と一緒に1時間座っていても、1分間ぐらいにしか感じられない。それが相対性というものです」

と答えました。発表当時は「この理論を理解できる人間は、世界中探しても10人に満たないだろう」と言われたほど難解な相対性理論をここまでわかりやすいたとえ話で説明できるのはさすがですが、この言葉にはモデル化によって本質を単純化することができる人の特徴が如実に表れています。それは、

- **短い言葉で説明できる**
- **たとえ話がうまい**

という2つの特徴です。

誤解を恐れずに言えば、本質はいつも単純です。単純でなければ本質でないとも言えます。だからこそ、本質は短い言葉で説明できるはずなのです。

モデル化を試みようとしても、本質が見極められずに悩むことがあるでしょう。そんなとき、たいていの人は複雑に考えすぎているものです。一度立ち止まって、今までの考えを忘れてください。シンプルに考え直せば、きっと本質に繋がる緒が見つかるはずです。

また本質は多くのことを統一的に説明できるものです。一見まるで関連がないと思える複数の事例の中に類似性が見つかれば、その類似性の中に本質がありま す。だからこそ、本質を捉えた人は、アインシュタインのように、わかりやすいたとえ話を紡ぎ出すことができるのです。

もしモデル化の練習をしたいのなら、目の前の具体的で複雑な事柄の本質を短い言葉で説明できるかどうか、そしてわかりやすいたとえ話にできるかどうかを検証してください。そうすればモデル化の技術はおのずと向上するはずです。

◆定量化のための点数付きチェックリスト

定量化しようとする意識をしっかりと持ち、フェルミ推定や他の事例での定量化を通して問題を分解する力を鍛え、さらには具体的な事案を抽象化して物事をモデル化する訓練も十分に積んだにもかかわらず、どうしても定量化しづらいときがあります。

たとえば、

「アルバイトは未経験でも、やる気のある学生を雇った方が売上に貢献してくれる」

という定性的な情報を定量化することを考えてみましょう。

「売上に貢献」の部分は、過去の売上実績から貢献度を数値化することはそれほど難しくはないでしょう。しかし、「未経験である」「やる気がある」といった部分を数値化するのは簡単ではありません。こうしたときに有効な手立ては、

・点数付きのチェックリストを用意して、オリジナルスコアを作ること

です。

たとえば次のようなものを用意します。

《E：経験度スコア》

□同業の仕事経験があり、チーフも経験した（5点）
□同業の仕事経験はあるが、チーフは経験していない（3点）
□同業の仕事経験はないが、異業種のアルバイトの経験が2年以上ある（2点）
□同業の仕事経験はないが、異業種のアルバイトの経験が2年未満ある（1点）
□初めてのアルバイトである（0点）

《M：やる気度スコア》

□受け答えがハキハキしている（1点）
□志望動機が具体的である（3点）
□積極的に質問してくる（4点）
□業界や自社のことをよく調べている（5点）

このようにすれば、経験・やる気といった定性的な事柄をE（Experience）やM（Motivation）の数値として定量化できます。そして、アルバイトの面接の際、面接官にこのチェックリストを渡し、採用したアルバイトのEやMの数値を記録しておいて、そのアルバイトが働いていた時期の売上をデータとして収集すれば、経験・やる気が売上とどのような相関関係にあるかも弾き出すことができるでしょう（一方の数値が上がれば、他方の数値も上がる傾向にあることを統計で「相関がある」と言います。相関の度合いは散布図や相関係数と呼ばれるもので測ります。どちらもエクセルで作成可能です。詳しくお知りになりたい方は、拙著『統計学のための数学教室』〈ダイヤモンド社〉等をご覧いただければ幸いです）。

その結果、もしE（経験度）よりM（やる気）の方が売上との相関が強いとわかれば、

予想貢献度＝M^2×E

のような指標を作ります（Mが2乗になっているのは、経験よりもやる気の方が売上に貢献することを意味します）。たとえば、

「予想貢献度が10以上のアルバイトを採用すれば、10未満のアルバイトを雇った

場合よりも売上が5％アップする」

などとアルバイトの採用基準を定量化することができます。

◆物語のための定量化

巻頭でも紹介したキヤノンの御手洗冨士夫会長兼社長の言葉を再度詳しく引用させてください。これはある雑誌のインタビューで語られた言葉です。

「目標を数字で表現すると、その数字の実現に何をどうすればいいのか、誰がどのような筋書きでどのような仕事をし、それにはどんな場面が必要なのか、方法論としての物語が浮かび上がってくる。（中略）数字なき物語も、物語なき数字も意味はなく、実行も達成もできないでしょう。数字とその実現を約束する物語を示すことで、経営計画の信憑性《しんぴょうせい》を高め、市場や株主からの信頼性を確保する。数字力が言葉に信の力を与える」

ここには定量化することの意義が見事にまとめられています。数字は物語《ストーリー》を伴って初めて意味を持つのです。**そして定量化による「物語《ストーリー》」はいつも、比較や変化を表す数字から始まります。**

朝、猫がキャットフードを食べたという事実を「午前8時に体重4kgの猫が、50gのキャットフードを食べた」と定量化できたとしても、これだけではほとんど意味がありません。午前8時という時刻がいつもと同じなのかどうか、あるいは50gのキャットフードを何分ぐらいで食べ切ったのかという比較や変化がわかって初めて、「いつもより1時間遅く朝ご飯をあげたところ、わずか1分で食べ切ってしまった……」というような物語《ストーリー》が始まるのです。

そしてそこから「とてもお腹《なか》を空かせていたのだろう」という仮説が立ち、「お腹をこわすといけないから、ご飯はできるだけ決まった時間にあげることにしよう」というアクションにも繋がります。

そうです。定量化の真の目的は仮説を組み立て、さらにアクションにまで繋げていくことなのです。比較や変化を示す数字が物語《ストーリー》の幕開きなら、アクションこそが物語《ストーリー》のエンディングです。

仮説を組み立てられるようになるためには、経験と学習によって得た知識と情報が必要です。でも、尻込みする必要はありません。どんなに奇抜なアイディアも分解してみれば、既存のアイディアの新しい組み合わせに過ぎないのと同じように、あなたがこれから生み出していく仮説は、これまでに生まれた仮説をもとに組み立てられていきます。

もしまだあなたの経験が乏しいのなら、まずはいろいろな仮説の立て方を学んでいくことが必要だとは思いますが、経験を積み、学習を怠らなければ必ずアクションに繋がる仮説を立てられるようになります。

例として、以前私が経験した事例を定量化し、仮説とアクションに繋げてみましょう。

2017年の大晦日《おおみそか》の夜、私は次頁の「2018の特徴」を画像にし、「特に④の『12連続整数の2乗和』になる数は珍しく、同じような性質を持っている1つ前の数は1730、1つ後の数は2330です。このような数の年が次に来るのは、300年以上後になります」

というテキストと共にツイッターに投稿しました。すると大変大きな反響をいただき、リツイートは4600以上、「いいね」は6500以上、ユーザーがこ

2018の特徴

① 偶数：$2018 = 2 \times 1009$

② 約数は4つ：1，2，1009，2018

③ 2つの素数の2乗和：$2018 = 13^2 + 43^2$

④ 12連続整数の2乗和：

$$2018 = 7^2 + 8^2 + 9^2 + 10^2 + 11^2 + 12^2 + 13^2 + 14^2 + 15^2 + 16^2 + 17^2 + 18^2$$

のツイートを見た回数は85万回以上になりました。

これは私の1万2000を超える全ツイートの中でも1位の反響であり、これにより、フォロワーは200人近く増えて3000人を突破しました（当時）。また同じ画像はフェイスブックページにも投稿しましたが、こちらは4件のシェア、40件ちょっとの「いいね」に留まっています。

《仮説》

- 投稿が2017年の大晦日の夜だったため、ツイッターを見るユーザーの絶対数が多い時間帯であり、かつ、来《きた》る「2018年」への興味が高まっていた。

- テキストだけでなく画像つきの投稿だったので視認性が高かった。
- 数学塾塾長というプロフィールと「数字の特徴」は親和性が高く、加えて「12連続整数の2乗和」「次は300年以上後」という性質の意外性が強いインパクトを残した。
- 難しすぎず、かと言って易しすぎないトリビアだった。
- 毎年、入試年度の数字を使った問題が中学入試・高校入試・大学入試に出題されるため、「広めてあげたい」「メモ（いいね）しておきたい」との意識が強く働いた。
- ツイッターにはフェイスブックにはない爆発的な拡散力がある。

《アクション》

- ツイッターにはかつての勢いはないと言われて久しいが、フェイスブックを上回る拡散力があることがわかったので、ブランディングのためにも最近サボりがちだったツイッターへの投稿頻度を上げていこう。

- 今後も画像つきの投稿を心がける。
- 時節に絡めた数学ネタやトリビア、入試関連の投稿は今後も積極的に行っていこう。

仮説の立て方、アクションへの繋げ方はいろいろ考えられます。ぜひ、あなたの身近な事柄について、「物語《ストーリー》のための定量化」を試してみてください。

◆暗算の9つのテクニック

「数字を作るための技術」の最後に、暗算のテクニックを9つ紹介します。これまでに書いてきましたように、ビジネスや日常生活で最も重要なのは「最適桁数」1桁の概算ですが、2桁×2桁の掛け算や、÷25の割り算等を暗算できるようになるコツは、知っていて損はありません。

①2桁+2桁の足し算

上の位から計算するのがコツです。たとえば「78+59」の計算は、十の位どうし、一の位どうしをそれぞれ「7+5=12」「8+9=17」と計算し、12と17を1桁ずらして足し合わせます。

②2桁×1桁の掛け算

これも上の位から計算した方が暗算しやすいです。たとえば「64×7」の場合、「6×7=42」と「4×7=28」をそれぞれ計算し、42と28を1桁ずらして足し合わせます。

③100や1000からの引き算

先に99や999からの引き算を計算してから、最後に1を足します。たとえば「1000−587」の場合、「999−587=412」と計算してから「412+1=413」とします。こうすれば繰り下がりの計算が避けられるので、暗算がしやすいのです。

暗算のテクニック①②③

①

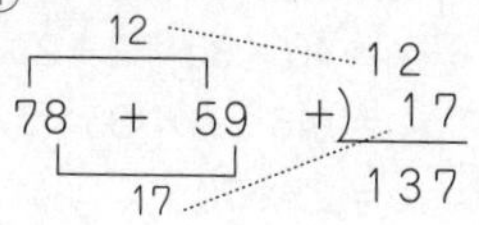

∴ 78＋59＝137

②

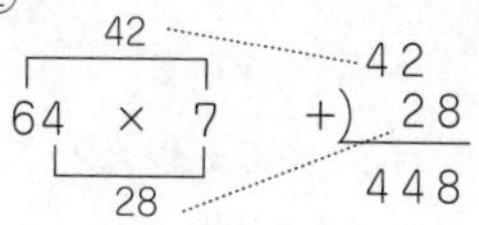

∴ 64×7＝448

③ 1000−587
＝(999＋1)−587
＝999−587＋1
＝412＋1
＝413

④２桁×２桁の掛け算

片方の数字を切りの良い数字にして、分配法則を使います。たとえば「37×12」の場合、「37×（10＋2）＝370＋74」と計算します。

⑤×５の倍数の掛け算

５の倍数を掛ける数を２で割り、５の倍数は２倍します。

たとえば「46×35」の場合、「46×35＝46×35×2÷2＝（46÷2）×（35×2）」と考えて、「46×35＝（46÷2）×70＝23×70」と計算するわけです。

暗算のテクニック④⑤⑥

④ 37×12

$= 37 \times (10+2)$

$= 37 \times 10 + 37 \times 2$

$= 370 + 74$

$= 444$

⑤ 46×35

$= 46 \times 35 \times 2 \div 2$

$= (46 \div 2) \times (35 \times 2)$

$= 23 \times 70$

$= 1610$

⑥ $168 \div 12$

$= 168 \div (2 \times 2 \times 3)$

$= 168 \div 2 \div 2 \div 3$

$= 84 \div 2 \div 3$

$= 42 \div 3$

$= 14$

⑥同じ数の倍数どうしの割り算

偶数どうし、３の倍数どうし、５の倍数どうし、９の倍数どうし等、同じ数の倍数どうしの割り算では、**割る方の数を分解して少しずつ順々に計算します。**たとえば「１６８÷12」ならば、「１６８÷（２×２×３）＝１６８÷２÷２÷３」と考え、１６８を順々に２や３で割っていきます。この際、

- **一の位が偶数……偶数**
- **各位の和が３の倍数……３の倍数**
- **一の位が０か５……５の倍数**
- **各位の和が９の倍数……９の倍数**

等を知っていると便利です。

暗算のテクニック⑦⑧

⑦　112÷25

$=112\times4\div100$

$=448\div100$　　$\left[\dfrac{112}{25}=\dfrac{112\times4}{25\times4}=\dfrac{448}{100}\right]$

$=4.48$

⑧　73×71

→（近似）$(73+1)\times(71-1)=74\times70=5180$

1を引いたので1を足す

↑誤差は0.1％以下

$73\times71=5183$

⑦÷5・÷25・÷125の割り算

5時限目の「逆」約分のところでも紹介したとおり、**「÷5」は「2倍して÷10」、「÷25」は「4倍して÷100」、「÷125」は「8倍して÷1000」と考えます。**たとえば「112÷25」は、「112×4÷100」と同じです。

⑧近い数どうしの掛け算（近似）

近い数どうしの掛け算は、同じ数を足したり引いたりして片方を切りの良い数字にした2数の掛け算の結果と近くなります。

たとえば「73×71」の場合で試してみましょう。71から1を引いて70にし、その分の1を73に足した掛け算「(73＋1)×(71－1)＝74×70＝5180」は、本来の計算「73×71＝5183」と比べると、誤差がわずかに0・1％以下になります。かなり良い近似ですね。

ただし、「97×11」のように2数の値の差が大きいときには、この近似計算の精度は低くなるので注意が必要です。実際、「(97＋1)×(11－1)＝98×10＝980」は本来の計算「97×11＝1067」と比べると、誤差が8％程度になります。

⑨72の法則（近似）

最後に話はがらりと変わります。

複利で金利（年利）がr％のとき、元金と利息を合わせた合計が元金の2倍になるまでの年数をN年とすると、

r×N≒72

という近似式が成立することをご存じでしょうか？　**これは俗に「72の法則」と呼ばれています。**たとえば金利（年利）が2％なら、元利合計が2倍になるまでには、

2×N≒72　→　N≒36

となり、おおよそ36年かかるというわけです。

この近似式は年利（金利）が大きくなると精度が低くなりますが、金利（年利）が10％未満であれば良い近似になります（この近似式の証明には対数〈数Ⅱ〉とテイラー展開〈大学教養課程〉の理解が必要なので、ここでは割愛します）。

演習

◇問1 並

日本における乗用車（新車）の年間販売台数を推定してください。

◇問2 並

世界中のすべての家族に、それぞれ庭付き一戸建てを与えるためには、どれだけの面積の土地が必要かを推定してください。

◇問3 並

100万冊の蔵書を誇る図書館が大地震に見舞われて、すべての本が棚から落ちてしまいました。10日間で元通りにするにはアルバイトを何人雇えばいいかを推定してください。

◇問4 難

メガストアではない街の書店では、「個性の強いこだわりの品揃えを感じさせる店の方が、ベストセラーを揃えた店よりも業績が良い」という内容を定量的に伝える方法を考えてください。

◇問5 並

次の計算を暗算で行ってください。

①54＋67

②73×5

③5000－389

④81×32

⑤64×15

⑥765÷45

⑦17÷25

⑧102×105（概算）

⑨ある企業が毎年6％の成長率を続けている場合、売上が2倍になるまでにかかる年数（概算）

※解答・解説は261～265頁

演習の解答・解説

◇問1の答え(例)　約500万台

[解説]

仮説　現在の車の所有者は今後も車を買い換える。

分解　**年間乗用車(新車)販売台数＝人口×乗用車所有者の割合×買い換え頻度×新車を購入する割合**

データ　日本の人口…1億3千万人(**1.3×10^8人**)

推定量　乗用車所有者の割合…都会では少なく、地方では多いことや、総人口の中には子どもも含まれることから、半分よりはやや少ない程度として40%=**0.4**にしてみましょう。

買い換え頻度…ほとんどの人が1年以上10年以下で買い換えるでしょうから、買い換え頻度は5年に1回で $\frac{1}{5}$ **=0.2**とします。

新車を購入する割合…半数程度と考え、**0.5**にします。

総合　年間乗用車(新車)販売台数=$1.3\times10^8\times0.4\times0.2\times0.5=5.2\times10^6$(台)

以上より、(最適桁数は1桁と考えて)**約500万台**と推定できます。ちなみに、一般社団法人日本自動車販売協会連合会のデータを見ると、2017年の新車販売台数は普通車、小型車、軽自動車の合計でおおよそ523万台でした。

◇問2の答え（例）　約500,000km^2（50万km^2）

［解説］

仮説　特にありません。

分解　すべての家族に庭付き一戸建てを与えるのに必要な面積を「戸建て総面積」とします。

戸建て総面積
＝世界人口÷1家族の人数×1軒の面積

データ　世界人口…70億人（**7×10^{9}人**）

推定量　1家族の人数…平均して**3人**とします。
1軒の面積…庭付き一戸建てですから（都会では少々贅沢ですが）、60坪くらいでしょうか。1坪は約3.3m^{2}なので、ここでは1軒の面積を**200m^2**ということにしましょう。

総合　戸建て総面積=7×10^9÷3×200
≒4.7×10^{11}（m^2）
=4.7×10^5（km^2）

1km^2=1km×1km
=1000m×1000m
=1.0×10^{6}m^2

ざっと**500,000km^2（50万km^2）**。これは地球上の総陸地面積（約1億5000万km^2）の0.3%程度ですから、他の種のための場所もたくさん残ります。

◇問3の答え（例）　約100人

［解説］

仮説　特にありません。

分解　必要なアルバイトの人数をn人として

1冊を棚に戻す時間×本の総数=1日に働ける時間×日数×n人

データ　本の総数（問題文より）…100万冊**（1×10^6冊）**

アルバイトが働く日数（問題文より）…**10日**

推定量　1冊を棚に戻す時間…図書館の本の並びにはルールがあるので適当に戻せばいいというわけではありませんが、地震で落ちたのなら、たいていの本はあるべき場所のすぐ近くにあるはずです。よって、1冊を棚に戻すのにかかる時間は数秒～1分といったところでしょう。ここでは平均して**30秒＝$\frac{1}{120}$**時間ということにします。

1日に働ける時間…標準的に**8時間**とします。

総合　$\frac{1}{120}\times1\times10^6=8\times10\times n \Rightarrow n=\frac{1\times10^6}{120\times80}\fallingdotseq 104$

ということで、だいたい**100人**のアルバイトを雇えば、10日間で元通りになります。

◇問4の答え(例)「個性の強いこだわりの品揃え」を感じさせる項目で点数付きチェックリストを作り、得点が高いほど、業績が上がっている根拠を数字で示す。

[解説]

まず下記のような「個性の強いこだわりの品揃え」を感じさせる項目を考えて、点数付きチェックリストを作成します。

□手書きPOPが多い(3点)

□入口の平台(最も目立つ場所)に、ベストセラーではなく、
「店主のお勧め本」が置かれている(5点)

□接客は積極的に話しかけるスタイル(2点)

□会員カード(ポイントカード)があり、
会員には定期的にDMを送っている(1点)

□品揃えに「教育」「音楽」「スピリチュアル」などの、
一貫したテーマが感じられる(3点)

次に、メガストアを除く「街の書店」の中では、得点が高いほど業績好調の傾向が強いことを**数字(相関係数等)で示せば**、定量化できます。

◇問5の答え　①121　②365　③4611　④2592　⑤960　⑥17　⑦0.68　⑧約10700　⑨約12年

［解説］

①
54＋67 (4＋7＝11, 5＋6＝11)
$$\begin{array}{r} 11 \\ +)\ 11 \\ \hline 121 \end{array}$$

②
73×5 (7×5＝35, 3×5＝15)
$$\begin{array}{r} 35 \\ +)\ 15 \\ \hline 365 \end{array}$$

③　5000－389
＝(4999＋1)－389
＝4999－389＋1
＝4610＋1
＝4611

④　81×32
＝81×(30＋2)
＝81×30＋81×2
＝2430＋162
＝2592

⑤　64×15
＝64×15×2÷2
＝(64÷2)×(15×2)
＝32×30
＝960

⑥　765÷45
＝765÷(5×3×3)
＝153÷3÷3
＝51÷3
＝17

⑦　17÷25
＝17×4÷100
＝68÷100
＝0.68

$$\left[\frac{17}{25}=\frac{17\times4}{25\times4}=\frac{68}{100}\right]$$

⑧　102×105
近似→(102－2)×(105＋2)
2を引いたので2を足す
＝100×107＝10700
（実際は、10710）

⑨「72の法則」が使えます。
6×n≒72 ⇒ n≒12

おわりに

最後までお読みいただき誠にありがとうございます。

数に強くなるための近道はやはり、数の魅力を知り、数を好きになってもらうことだと思います。だからこそ私は本書に、数の意味や美しさ、そして合理性や創造性を書きました。数字という記号が伝える数の世界がいかに豊かであるかを、できるだけ丁寧にわかりやすく書いたつもりです。

数に強くなれば、言葉としての数字の意味を理解することで、正しい判断と確実性の高い予測が可能になります。もちろん説得力のある話もできるようになります。そうなれば周囲の信頼を勝ち取ることができるのは言うまでもありません。

さらに数に強くなれば、世の中に顕在する無数の数字はもちろん、潜在している数字をも見つけ、分析できるようになりますから、社会の変化や仕組みが見えてきます。

第1部の冒頭でお伝えした「数に強い人になるための3つの条件」を改めて振り返ってみましょう。

1 数字を比べることができる
2 数字を作ることができる
3 数字の意味を知っている

割合や単位量あたりの量を使って、数字を比べられるようになったでしょうか？　フェルミ推定や定量化のスキルを活用して、数字を作れるようになったでしょうか？　数字に興味が持てるような、そして今後ますます広がる知識の「火種」になるような各分野の数字の意味が頭に入ったでしょうか？

本書を読み終えられた読者の方には、「うん。この3つの条件はクリアできた！」と自信を持って言っていただけることを心から期待します。

数に弱い人は、「数に強い人」のことを雲の上の人……とは言わないまでも

「自分とは頭の構造が違う人」と思いがちです。才能がない自分は、数に強い人には一生なれない……と。永野数学塾にもそういう方は多数来塾されます。でも、数に強い人になるのは決して難しいことではありません。本書を読み通していただければわかるとおり、とてつもない桁の暗算ができたり、数学が得意であったりする必要はないのです。

「数字は難しくて無機質なものだ」という先入観を捨てることさえできれば、あとは本書の「授業」に取り組んでいただくことで、誰でも数に強い人になれます。実際、永野数学塾に来塾された大人の生徒さんは、本書の知識と技術を身につけて、数に強い人になっていらっしゃいます。

たとえば、ある生徒さんは、10桁以上の数字を「一、十、百、千……」と下から数えずにパッと読めたり、プレゼンテーション用の資料の数字の間違いを一瞥《いちべつ》しただけで指摘できたりする同僚を「異能の人」だと思い、引け目を感じているようでした。

しかし私が、それは単に**大きな数を読むコツ**（２２１頁）を知っていたり、**1桁の概算**（２１８頁）を行っていたりするだけなんですよ、と伝えると「それなら私にもできます！」と言って笑顔を見せてくれました。

別のある生徒さんは、「新しく来た上司から数字の大切さを懇々《こんこん》と説かれたけれど、世の中には数字では測れないことも多いし、どうしてそこまで数字が大切だと言うのかが正直わかりません……」と愚痴半分（？）に相談に来られました。そこで、**物事をモデル化し、数値化していく醍醐味**を伝えたところ、授業の最後には「人の好みとか感情も数字で表せるなんて面白いですね！」と快活に笑ってくれました。

私が教育の場に身を置いているのは、生徒さんの暗く不安そうな瞳が、ちょっとしたきっかけをつかむことで安堵と喜びの輝きを放つこのような瞬間がたまらなく好きだからです。

本書を手に取ってくださったあなたが数に強くなり、その瞳にも同じ輝きが宿ることを願ってやみません。

私は教師として、また著者として数の魅力を一人でも多くの方に伝えることをライフワークとしています。それだけに今回、「数に強くなる本を書いてみませんか?」というオファーをいただいたときは大変嬉しく思いました。貴重な機会を与えてくださったPHPエディターズ・グループの田畑博文さんをはじめ、本書を世に出すためにご尽力いただいたすべての方に、そして何より本書を手に取ってくださったあなたに最大限の感謝を申し上げます。

音符がそれを演奏する人によって美しい音楽になるように、あなたの人生におけるさまざまな数字が、豊かな数の世界を伝える言葉になることを信じて筆をおきます。

またどこかでお目にかかりましょう!

平成三十年　春分の日。季節外れの雪が舞った横浜にて

永野裕之

文庫化に寄せて

２０２０年の２月頃から世界中に蔓延し、本稿執筆現在（２０２２年の年初）も猛威をふるっている新型コロナウイルス。連日、その新規感染者数や重症者数、死者数が報道されています。さらには、ＰＣＲ検査の実施件数、病床使用率、実効再生産数などの数字も躍ります。

本書では、数に強くなるためには**「数字を比べる」「数字を作る」「数字の意味を知っている」**という３つの力が必要であるとして、これらの力を身につけるための方法を書きました。

毎日のように目に入ってくる新型コロナに関するさまざまな数字を見るたびに、これらの力の大切さを改めて痛感します。

厚生労働省によりますと、新型コロナウイルスによる国内の死者数は２０２１年の１年間で１万４９２６人でした。年間約１万５千人というこの数字を「数に強い人」はどのように見るでしょうか？

数に強い人は（本文にもありますように）日本国内における年間死者数が約１３０万人であることを知っています。そして、この**知識**をもとに２０２１年の１年間で亡くなった人のうち、新型コロナウイルスで命を落とされた方の**割合**は、約１％であることをすぐに**概算**します（正確には１・１５３…％）。

さらに、日本の人口約１億３千万人に対して１万５千人は０・０１％強であることを捉え、自分が住む市区町村では何人くらいの方が新型コロナウイルスで亡くなったのかを**フェルミ推定**によって計算することも容易《たやす》いでしょう。

たとえば横浜市の場合なら人口を約４００万人と考え（正確には本稿執筆時で３７７万２千人）、「４００万×０・０１％＝４００」という計算から、横浜市内で２０２１年に新型コロナウイルスで亡くなった方は４００人くらい、と頭の中で暗算します。これはかなり大雑把な計算ではありますが、数に強い人は、こうした見積もりの**最適桁数は１桁**の概算であることも知っているので躊躇《ちゅうちょ》はありません（ちなみに横浜市の発表によりますと、実際には２０２１年は４４２人の方が新型コロナウイルスで亡くなりました）。

さらに数に強い人は、知識の「火種」になり得る基本の数字を持ち、数字についての興味が人一倍強いので、次のような死因別の年間の死者数も知っている可能性が高いです。

●季節性インフルエンザによる年間死者数：約1万人
●交通事故による年間死者数：約3千人
●自殺による年間死者数：約2万人

これらの数字と比べることで、1万5千という数字の持つ意味がぐっと鮮明になります。

先日、こんなことがありました。

公認会計士になりたいという夢を持っている中学生の女の子と話していたときのことです。彼女が、

「ネットで調べると、公認会計士になるためには3000〜4000時間も勉強する必要があるそうです……」

とやや暗い声で言うので、私はすかさずこう答えました。

「1日10時間の勉強をだいたい1年続ける必要があるってことだね」

すると彼女の顔がぱっと明るくなったのがとても印象的でした。「3000〜4000時間」と聞いて途方もない努力の量を想像したようですが、1日10時間の勉強を1年程度続ければいいとわかれば、中学受験をくぐり抜けてきた彼女にとっては決して無理ではないと感じたのでしょう。

私は本書の「準備篇」で「数字には物語《ストーリー》が必要である」と書きました。数字の意味を知り、数字を比べ、数字を作ることは、数字自身にストーリーを語らせるためのスキルです。数字が紡ぐ物語《ストーリー》に耳を傾ければ、1つの数字からイメージが膨らみ、正しい判断や予測に繋がります。

ここで大事なことは、**数字が本来持っている物語《ストーリー》に、謙虚に真摯《しんし》に耳を傾ける**ことです。決して自分に都合の良い話を勝手に「創作」してはいけません。自分自身をそして周囲の人々をも誤った行動に向かわせてしまいます。

数に強い人が数字と向き合う姿勢は、音楽家が作品と向き合う姿勢に似ているかもしれません。音楽家も、作曲家が作品に託したメッセージを紡ぐために、音楽の伝統を知り、他の作品と比べ、そしてさまざまな曲を演奏します。そして音楽家は作品に対して最大限の敬意を払い、謙虚に真摯に演奏する必要があります。自分本位の勝手な解釈は、曲の真価を伝えられないだけでなく、作品に対しても聴衆に対しても失礼だからです。

かつてないほどに数字がモノを言う現代は、数字の持つ説得力を悪用しようとする不埒《ふらち》な輩《やから》が後を絶ちません。彼らは数に弱い人をカモにして、間違った情報や判断をさも客観的な真実であるかのように言ってきます。そんなときでも尻馬《しりうま》に乗るのではなく、自らの力で数字から真の物語《ストーリー》を引き出せるようになっていただきたい、という一念で私は本書を書きました。「数に強くなるための3つの力」がその一助になれば、著者としては最大の喜びです。

最後になりましたが、本書の文庫化によって、新たな読者と出会える機会を頂戴しましたことを、関係各位の方々に心より厚く御礼申し上げます。

令和四年一月

永野裕之

参考文献

「ゼロと無限　素数と暗号」（Newton ムック）
「みるみる理解できる相対性理論」（Newton ムック）／「数学の世界」（Newton ムック）
『英語の勉強法をはじめからていねいに』安河内哲也（ナガセ）
『心は孤独な数学者』藤原正彦（新潮文庫）／『数字は武器になる』野口悠紀雄（新潮社）
『ビジネスマンのための「数字力」養成講座』小宮一慶（ディスカヴァー・トゥエンティワン）
『サイエンス脳のための フェルミ推定力養成ドリル』ローレンス・ワインシュタイン、ジョン・A・アダム著、山下優子、生田りえ子訳（日経BP社）
『地頭力を鍛える 問題解決に活かす「フェルミ推定」』細谷功（東洋経済新報社）
『数に強くなる』畑村洋太郎（岩波新書）／『身近で役立つ数学力』桜井進監修（PHP研究所）
『単位の成り立ち』西條敏美（恒星社厚生閣）／『少しかしこくなれる単位の話』笠倉出版社
『トコトンやさしい単位の本』山川正光（日刊工業新聞社）
『音楽と数学の交差』桜井進、坂口博樹（大月書店）
『孫社長にたたきこまれたすごい「数値化」仕事術』三木雄信（PHP研究所）
『定量分析の教科書――ビジネス数字力養成講座』グロービス、鈴木健一（東洋経済新報社）
『ビジネスで差がつく計算力の鍛え方』小杉拓也（ダイヤモンド社）
『初歩からわかる数学的ロジカルシンキング』永野裕之（SCCブックス）
『東大教授の父が教えてくれた頭がよくなる勉強法』永野裕之（PHPエディターズ・グループ）
『統計学のための数学教室』永野裕之（ダイヤモンド社）

図版　宇田川由美子

著者紹介
永野裕之（ながの　ひろゆき）
1974年東京生まれ。暁星高等学校を経て東京大学理学部地球惑星物理学科卒。同大学院宇宙科学研究所（現ＪＡＸＡ）中退。高校時代には広中平祐氏主催の「数理の翼セミナー」に東京都代表として参加。レストラン（オーベルジュ）経営、ウィーン国立音楽大学（指揮科）への留学を経て、現在はオンライン個別指導塾・永野数学塾（大人の数学塾）の塾長を務める。これまでにＮＨＫ、TOKYO FM、日本経済新聞、プレジデント、プレジデントファミリー他、テレビ・ビジネス誌などから多数の取材を受け、「週刊東洋経済」では「数学に強い塾」として全国３校掲載の１つに選ばれた。ＮＨＫ（Ｅテレ）「テストの花道」出演。『朝日中高生新聞』で「マスマスわかる数楽塾」を連載（2016-2018)。『朝日小学生新聞』で「マスマス好きになる算数」連載（2019-2020)。『大人のための数学勉強法』（ダイヤモンド社)、『中学生からの数学「超」入門』（筑摩書房)、『ふたたびの確率・統計』（すばる舎）等、これまでに上梓した著作は約20冊以上。最新作は『とてつもない数学』（ダイヤモンド社)。
プロの指揮者でもある（元東邦音楽大学講師)。既婚。２女の父。

本書は、2018年６月にＰＨＰエディターズ・グループから刊行された作品に加筆し、文庫化したものである。

ＰＨＰ文庫　東大→JAXA《ジャクサ》→人気数学塾塾長が書いた数に強くなる本

2022年4月1日　第1版第1刷

著　者　永　野　裕　之
発行者　永　田　貴　之
発行所　株式会社ＰＨＰ研究所
東京本部　〒135-8137　江東区豊洲5-6-52
ＰＨＰ文庫出版部　☎03-3520-9617（編集）
普及部　☎03-3520-9630（販売）
京都本部　〒601-8411　京都市南区西九条北ノ内町11

PHP INTERFACE　https://www.php.co.jp/

制作協力
組　版　株式会社PHPエディターズ・グループ

印刷所
製本所　図書印刷株式会社

© Hiroyuki Nagano 2022 Printed in Japan ISBN978-4-569-90210-4

※本書の無断複製（コピー・スキャン・デジタル化等）は著作権法で認められた場合を除き、禁じられています。また、本書を代行業者等に依頼してスキャンやデジタル化することは、いかなる場合でも認められておりません。
※落丁・乱丁本の場合は弊社制作管理部（☎03-3520-9626）へご連絡下さい。送料弊社負担にてお取り替えいたします。

PHP文庫

計算力

今日から使える！

鍵本 聡 著

「17×15＝？」「14×45＝？」……、電卓なしだと面倒な計算もスラスラできる！ 暗記力と計算視力による鍵本メソッドをやさしく伝授。

PHP文庫

暗算力

誰でも身につく！

栗田哲也　著

「53×57」や「60億÷300万」を3秒で解き、さらに分数や方程式の暗算まで。数学的法則の背景も体感できる奥行きのある一冊。

PHP文庫

ラクしてゴールへ!

理系的アタマの使い方

鎌田浩毅 著

仕事の成果を上げる効果的な手法とは?

アウトプットから逆算してプロセスを決定する、理系科学者による16個のテクニックを大公開。

PHP文庫

「相対性理論」を楽しむ本

よくわかるアインシュタインの不思議な世界

佐藤勝彦 監修

たった10時間で『相対性理論』が理解できる！　「遅れる時間」「双子のパラドックス」などのテーマごとに、楽しく、わかりやすく解説。

PHP文庫

超面白くて眠れなくなる数学

桜井 進 著

「宝くじとカジノ、どちらが儲かる？」など、身の回りにひそむ数学からロマン溢れる壮大な数の話までを大公開。ベストセラー第2弾！

PHP文庫

面白くて眠れなくなる生物学

長谷川英祐 著

生命は驚くほどに合理的⁉——「人間の脳にそっくりなアリの社会」「メス・オスに性が分かれた秘密」など、驚きのエピソードが満載！

PHP文庫

怖くて眠れなくなる植物学

稲垣栄洋 著

「食虫植物ハエトリソウ」「絞め殺し植物ガジュマル」など、地球上にはびこる恐るべき植物の生態を「怖い」という視点から描き出す。

PHP文庫

怖くて眠れなくなる科学

竹内 薫 著

「普段着で宇宙空間に飛び出したら死因は？」「電磁波で人の行動を操れる装置」など、夜に眠れなくなる科学の〝怖い世界〟へようこそ。

PHP文庫

東大教授の父が教えてくれた頭がよくなる勉強法

永野裕之　著

落ちこぼれ高校生から一転、東大→ＪＡＸＡへ！「本質にたどり着く最短思考法」など東大教授の父から伝授されたとっておきのメソッド。